퀄리티 육아법

- 나와 아이를 위한 힐링육아 레시피 -

Quality Parenting

퀄리티 육아법

– 나와 아이를 위한 힐링육아 레시피 –

초판 1쇄 발행 2017년 9월 15일

지 은 이   정지은
발 행 인   권선복
편   집   천훈민
디 자 인   김소영
사진작가   고요한 산, 최수진
전 자 책   천훈민
마 케 팅   권보송
발 행 처   도서출판 행복에너지
출판등록   제315-2011-000035호
주   소   (157-010) 서울특별시 강서구 화곡로 232
전   화   0505-613-6133
팩   스   0303-0799-1560
홈페이지   www.happybook.or.kr
이 메 일   ksbdata@daum.net

값 15,000원

ISBN 979-11-5602-521-4   (13590)

도서출판 행복에너지는 독자 여러분의 아이디어와 원고 투고를 기다립니다. 책으로 만들기를 원하는 콘텐츠가 있으신 분은 이메일이나 홈페이지를 통해 간단한 기획서와 기획의도, 연락처 등을 보내주십시오. 도서출판 행복에너지의 문은 언제나 활짝 열려 있습니다.

퀄리티 육아법

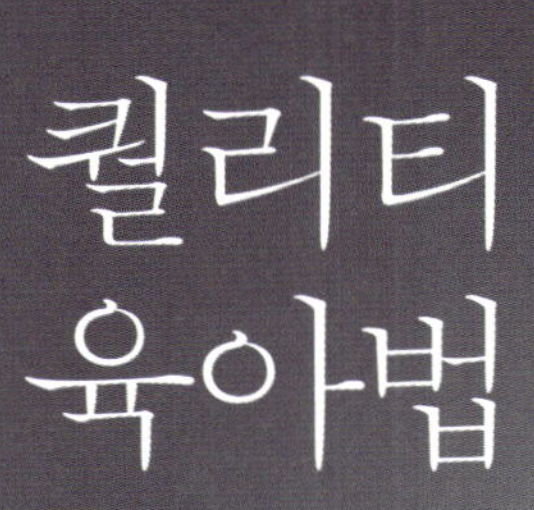

- 나와 아이를 위한 힐링육아 레시피 -

정지은 지음

가장 중요한 물음.
'나는 나를 어떻게 느끼고 있는가.'

뉴질랜드의 날씨는 참 예쁩니다. 겨울엔 비도 많이 오고 매일같이 흐리지만 일 년 중 대부분의 하루하루는 말 그대로 마치 선물 같습니다. 유난히 눈이 부시고 깨끗한 하늘을 보고 있자면 이 날씨를 꼬깃꼬깃 접어서 주머니 속에 넣어 놓고 있다가 힘들거나 기분이 처질 때마다 꺼내어서 보기도 하고 머리 위 하늘에 널리 펼쳐서 필요할 때마다 쓰고 싶다 생각이 듭니다.

주섬주섬 쌀 과자와 물, 토마토 등 간식거리를 챙기고 밖으로 나오면 오늘도 밖엔 운동하는 사람들이 많습니다. 그런데 특히 뉴질랜드 엄마들은 참 건강하고 여유 있어 보입니다. 남자 아이 셋과 한적하게 바다가 보이는 잔디 위에 앉아 아이스크림을 먹기도 하고 운동복을 입고 이어폰을 꽂은 채 유모차를 밀며 파워 워킹을 하는 엄마들도 자주 마주칩니다. 겉으로 보기엔 모두 육아가 참 '할 만한 것'처럼 보입니다. 또 한편으론 '나만 힘든가….' 생각도 듭니다.

저는 북쪽의 바다가 가까운 동네에서 아이가 둘, 그리고 남편과 살고 있습니다. 첫째 딸은 이제 4살, 둘째는 이제 5개월입니다. 아직 많이 어립니다. 갈 길이 멀지요…….

뉴질랜드에는 2008년 남편과 함께 이민을 왔습니다. 한국에서 법률사무소 비서로 6년 동안 일하다 제가 정말 하고 싶은 꿈을 찾아서 오게 되었습니다. 뉴질랜드에서 제 인생에 새로운 페이지를 시작할 첫 단계로 무엇을 할까 고민하다가 안전하게 정착할 수 있는 여러 분야 중 평소에 늘 관심이 있었던 교육 분야에서 유아교육을 선택하였고, 졸업 후 유치원에서 선생님으로 일을 하기 시작하였습니다.

유치원에서 일하고 있을 때 첫째 아이를 가졌습니다. 건강상 일을 잠시 멈추게 되었고, 그 후 엄마가 될 날을 기다리며 태교에 전념하였습니다. '나는 내 아이에게 소위 말하는 완벽한 엄마가 될 수 있을 거다'라는 자신감과 설렘을 갖고 엄마가 되는 날만을 손꼽아 기다렸습니다.

그러나 역시 엄마로서 산다는 것은, 이론과 실제라는 것은, 하늘과 땅 차이였습니다. 저에게 유아교육과 육아는 전혀 다른 것이었습니다. 뉴질랜드에서 친정엄마의 도움이나 '시엄마 찬스'를 구하기란 불가능한 저에게, 밤늦게까지 일하는 남편과 사는 저에게, 어쩌다 한 번의 근사하고 자유로운 외출도, 여유로운 주말도, 온전한 식사와 휴식 시간도 허락되지 않았습니다. 끊임없이 소비되는 에너지를 충전할 여유도 없고, 아이의 기본적인 요구를 채워주는 것 외에 아이를 향한 지속적인 관심과 애정이 요구되는 육아생활 속에서 저는 조금씩 지쳐가고 있었습니다.

저는 점점 고립되고 외롭다고 느꼈습니다. 남편은 주 6일을 일찍 나가서 밤늦게 퇴근하고, 친구와 가족들은 멀리 한국에 살고 있고, 뉴질랜드에서 만난 지인들은 모두 아이가 없는 미혼이었기에, 허심탄회하게 육아 문제를 마음 놓고 나눌 사람도 없는 상황이 한탄스럽게만 느껴졌습니다. 저는 그렇게 육아 스트레스를 고스란히 쌓아가며 아이가 크게 아프지 않고 잘 크는 것을 위안 삼아 하루하루 버텨 가고 있었습니다.

그러다 아이가 18개월이 넘어가면서 말이 늘기 시작하고 고집과 자기 의지가 강해지면서 점점 부드럽고 긍정적으로 대응하는 게 힘들어지기 시작했습니다. 아이에게 점점 말이 짧아지고, 더욱 엄해지고, 필요 이상 혼을 내기도 하고, 저도 모르게 언성이 높아지며 마치 스트레스를 아이에게 푸는 것처럼, 아이를 상대로 많은 씨름을 하고 있는 제 자신을 보았습니다. 하루 종일 감정이 시달리는 느낌을 받았습니다. 아이의 쉼 없는 에너지와 반복적인 요구를 받아내면서 몇 번은 잘해 주다가도 결국은 아이를 혼내며 다그치는 것으로 마무리되는 때가 잦아지고, 그것 외에는 점점 어떠한 선택도 할 수 없는 코너로 몰리는 것 같았습니다.

저는 아이를 대하는 제 자신의 모습에서 낯설고, 어색하고, 불쾌하고, 받아들이기 싫은 부분을 마주하게 되었습니다. 그리고 이것 때문에 더 좌절했으며 의욕을 잃었고 우울함을 느꼈습니다.

'난 이미 틀렸어.'
'난 결국 이런 사람이구나.'
'내가 이것밖에 못하는구나.'

실망과 자책이 늘어 갔습니다. 저의 우울한 모습, 무표정, 예민한 태도를 보며 아이는 불안해하고 짜증이 늘면서 동시에 저의 따뜻한 관심과 애정을 더욱 갈구하였습니다. 낮에는 의욕과 생기가 없이 의무적으로 대하듯 아이를 돌보고, 밤에는 미안해하며 울고….

그렇게 반복되는 하루하루가 지나면서 전 '이것을 멈추어야 한다, 무언가 변화가 필요하다'는 생각을 의식적으로 그리고 의무적으로 하기 시작했습니다.

문제를 인식한 후 가장 먼저 한 일은 제 자신을 관찰하는 것이었습니다. 제 자신에 대한 관찰자가 되어 글을 쓰기 시작했습니다. 어떤 상황이 가장 힘든지, 언제가 예민한지, 아이를 대하는 내 태도와 목소리, 표정은 어떠한지를 자각하고 의식적으로 인지하려고 노력하였습니다. 격한 감정이 몰아치는 혼란 속에서도 전 의지를 갖고 제 자신을 관찰하였고 이러한 노력은 힘든 순간에도 소용돌이치는 감정에 휘말리지 않고 제 자신이 그 감정을 조금 떨어져서 볼 수 있게 하였습니다.

얼마간의 관찰 후 저는 저의 기분, 몸과 마음의 상태에 따라 아이를 대하는 저 자신의 태도가 많이 달라지는 것을 보았습니다. 육아 기술 자체가 얼마나 교육적이고 효과적인지가 중요한 것이 아니었습니다. 아무리 훌륭한 육아법이라도 그것을 행하는 나의 모습이 얼마나 자연스럽고 설득력이 있는가에 육아 문제를 푸는 열쇠가 있다는 것을 느꼈습니다. 제 자신에 대해 긍정적인 마음이 일어나고 내 삶에 대한 애정과 사랑을 느낄 때 육아에 대한 자신감도 생기고 힘든 순간에도 아이를 당당하고 여유롭게 대하는 것을 온몸으로 체험하고 있었습니다.

그 후 설거지를 하면서, 마트에서 가면서, 요리를 하면서, 끊임없이 제 자신에게 물었습니다. '힘들고 어려운 순간 난 어떻게 제대로 대응할 수 있을까. 육아 문제와 스트레스를 특별한 누군가에게 의지하지 않고 스스로 관리하려면 난 어떻게 해야 할까. 감정 관리를 어떻게 제대로 효과적으로 할 수 있을까. 잘하려는 마음의 준비가 되었을 때도 적절한 방법이 떠오르지 않아 막힐 때가 있다. 그럴 때 내게 필요한 여러 전략과 접근법에는 무엇이 있을까.'

그리고 가장 중요한 물음.
'나의 지금 상태가 어떠한가. 나는 지금 기분이 어떠한가.'

'나는 나를 어떻게 느끼고 있는가.'

저는 기존에 알려진 여러 육아정보와 기술들도 유용하고 도움이 되었지만 제 아이에게 필요한 기본적인 정보를 제 안에서부터 찾기 시작하였습니다. 나도 한때 어린아이였으니, 내 안에 숨겨진 답이 있을 거라고 생각했습니다. 어린 시절의 기억을 꺼내는 것은 어려운 일이 아니었습니다. 제 아이 지안이는 제가 잊고 있던 어린 시절 속 기억의 문을 하나둘 열어 주었습니다.

물론 이 경험이 전부 좋은 것은 아닙니다. 외면하고 싶은 기억이 자극 받고 잊고 싶은 일이 자꾸 떠오릅니다. 그러나 따뜻한 기억도 납니다. 엄마가 나의 말에 귀 기울여 주고 조용히 물어봐주던 모습, 미안하다고 안아주는 모습, 삼촌이 나를 설득시키려고 노력하는 모습, 엉뚱한 질문에 진지하게 답해 주는 어른의 반응을 재밌게 관찰하던 내 자신의 모습이 머릿속에 생생히 그려집니다. 밤에 자기 전 가만히 누워 나는 어릴 때 엄마가 어떻게 대해 주는 것이 좋았는지 떠올려 보기도 합니다. 저는 매일 매 순간 제 자신과 아이를 관찰하면서 '기억하고 싶은 순간들'과 '미래에 어른이 된 제 아이와 나누고 싶은 순간'들을 틈틈이 써 내려갔습니다.

육아를 처음 접한 저에게 가장 힘들었던 것은 외로움이었습니다. 내 말을 진지하게 들어주는 사람도 없고 진심으로 이해해 주는 사람도 없는 것 같은 느낌이 나를 슬프게 했습니다. 내 안은 텅 빈 방 같았습니다. 그러나 용기를 갖고 떠오르는 감정을 마주하고 들여다볼수록 내가 그토록 그리워하며 애타게 찾았던 것은 다름 아닌 '내 안의 진정한 나'라는 것을 알게 되었습니다.

저는 힘들어 하는 제 자신에게 격려와 응원을 해주고 쉼 없이 이어지는 육아 생활에서 오는 부담과 짐을 덜어 주기 위한 구체적인 방법을 찾아 기록하기 시작했습니다. 그렇게 해서 태어난 것이, '퀄리티 육아법'입니다. 평소 화, 짜증, 잔소리 등에 썼던 힘을 아끼고 나의 집중과 에너지가 정말 필요한 순간, 아이와 나의 성장에 진실로 중요한 '육아 최고의 순간'을 포착하여 그 순간만큼은 놓치지 않고 나의 정성과 온 마음을 담아 내가 알고 있고 하고 싶은 기술을 제대로 활용하려고 '노력하는' 육아법입니다.

저는 언젠가 훗날 저처럼 엄마로 살게 될 제 딸에게 전해 주고 싶어서 써 놓은 것을 조금씩 정리하기 시작하였습니다. 각 가정마다 할머니의 할머니로부터 내려오는, 가족의 몸의 체질과 입맛에 훌륭히 어울리는 요리 레시피가 있듯이, 내가 나의 아이를 키우며 정리한 육아 내용이 우리 가족의 마음의 질과 성장에 잘 어울리는 육아 레시피가 되길 바라는 마음이었습니다.

'너는 나의 딸이기에 아마도 육아를 하며 일어나는 마음 작용이 나와 비슷하지 않을까. 주변에 너의 마음을 알아주는 사람이 없고 혼자라고 느낄 때 이 책을 보렴. 너와 내가 어렸던 시절, 나는 무엇이 어렵고 힘들었는지, 나는 그것을 어떻게 회복하고 스스로 다듬어 나갔는지, 무엇이 우리에게 통했고 의미가 있었는지에 대해 쓴 거야.'

그렇게 글쓰기에 열중하고 있던 어느 날이었습니다. 평소 알고 지내던 아이 엄마가 육아 고민을 털어 놓았습니다. 아이 엄마는 엘리트 코스를 밟은 전문직 종사자로 육아와 아이 발달에 대해 수많은 책을 보았는데 육아 문제가 해결이 되지 않아 걱정이 된다고 말했습니다.

전 그때 제 책이 담고 있는 몇 가지 이야기를 얘기해 주었습니다. 그중 하나는 아이마다 성장이 다르고 모두 자신만의 속도로 큰다는 이야기였습니다. 그리고 육아는 양보다 질이 중요하다는 메시지도 언급하였습니다. 저는 이런 내용은 아마 다른 책에도 있는 부분일 거라 생각했습니다. 그런데 아이 엄마는 눈물을 흘리며 그런 말은 처음 듣는다고, 그 어떤 책에도 그런 말은 없었다고 고마워하였습니다. 이제야 안심이 된다며, 이제 편하게 육아할 수 있을 것 같다는 말도 하였습니다.

그때 저는 약간 충격을 받았습니다. 당연히 있을 줄 알았던, 아이를 키우며 당연히 모두가 알고 있을 줄 알았던 이 중요한 말이 육아책과 성장 발달책에 없다면, 그 많은 책들은 지금 무엇을 말하고 있는 것일까…….

저는 저의 이야기를 책을 통해 보다 여러 사람들과 나누고 싶다는 생각이 들었습니다. 이 세상에 단 한 사람에게라도 도움이 될 수 있기를 소망하는 마음으로 용기를 내어 책으로 엮어 보았습니다.

『퀄리티 육아법 – 나와 아이를 위한 힐링육아 레시피』에는 제가 학교와 유치원 현장에서 일하고 아이를 키우며 접한 여러 자료들과 뉴질랜드의 훌륭한 선생님들과 부모님들로부터 직접 보고 배운 생생하고 교육적인 기술과 접근법들이 모아져 있습니다. 제가 육아를 하면서 스스로에게 용기를 주기 위해 해주었던 응원과 위로의 메시지들도 곳곳에 실어 놓았습니다.

혹시 어딘가에서 홀로 외롭게 육아 문제로 고민하고 힘들어하는 누군가가 있다면 이 책이 조금이라도 도움이 되길 바랍니다.

CONTENTS

RECIPE
나를 위한 육아 레시피

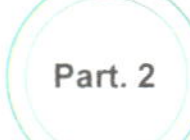

APPETIZER
상황의 주인 되기

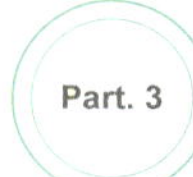

MAIN DISHES
구체적 상황 다루기

Part. 4

DESSERT

Part. 1
RECIPE
나를 위한
육아
레시피

요리책 같은
육아 레시피 북

'내가 이럴 때 무어라 말하면 좋을까.'
'달리 무어라 말할 수 있을까.'
'이럴 땐 내가 어떻게 반응해야 할까.'

육아를 하면서 이런 생각이 들 때가 있습니다. 같은 말을 계속 하자니 지치고, 해볼 만한 다른 방법이나 다른 말은 없을까 고민이 됩니다. 남들은 이럴 때 뭐라고 하나, 어떻게 하나 궁금하기도 합니다. 그럴 때마다 이 책을 펼쳐 원하는 레시피Recipes를 찾아보세요.

우리는 요리책의 레시피를 보면서 그대로 따라하지 않아도 된다는 것을 압니다. 책 속에 소개된 기본 재료나 조리법을 보고 힌트를 얻어 점심 메뉴로 무엇이 좋을지, 어떻게 먹을지 결정하는 데 가볍게 참고하거나 아이디어를 얻곤 하지요.

요리책대로 했더니 너무 싱겁다면 소금을 조금 더 치고, 너무 달면 설탕을 줄이면서 각자의 성향과 입맛을 살린 음식을 만드는 것처럼 책에 소개된 재료들을 바탕으로 자신의 육아철학, 가치관, 역량과 개성에 맞게 조절하여 활용하시면 됩니다.

건강한 요리 레시피를 보고 매일의 밥상에 참고하면 어느 날 자신도 모르게 몸에 조금씩 생기가 생기고 변화가 오는 것처럼 '퀄리티 육아법'의 육아 레시피는 육아로 지쳐있는 일상과 마음에 의미 있는 변화와 생기를 가져올 것입니다.

건강한
육아의 시작
- 'Quality Parenting'

'퀄리티 육아법'은
아이의 성장 발달에 중요한 순간을 캐치하고
그 순간을 최대한 건설적이고 의미 있게 다루고자 하는
육아 방식입니다.
평소에는 자연스럽게 물 흐르듯
자신의 스타일대로 하다가도(어느 정도 일관성 있는 테두리 안에서)
우리가 정말 집중하고 신경 써야 하는
중요한 순간이 있다면 언제일까 관심을 갖고
'그때만이라도 최대한 집중하여 제대로 해 보자'라는
마음을 갖는 것입니다.

우리는 엄마, 아빠이기 이전에 하나의 평범한 사람입니다. 육아를 하며 느끼게 되는 감정은 기쁨과 사랑 등 밝은 것에서부터 좌절감, 실망, 불만족 등 예상하지 못했던 어두운 감정까지 다양합니다. 이것은 육아를 하는 우리의 아주 자연스러운 반응이자 부모의 역할이 시작된 육아 여정의 과정입니다. 그러나 이처럼 다양하고 복잡한 감정들의 오고감 속에서 늘 한결같은 마음과 방식으로 아이를 키우기란 생각처럼 쉽지 않습니다.

일상은 매일 반복되며 어느덧 아이를 대하는 우리 자신의 모습에 익숙해져 갑니다. 어느덧 피곤함도 무뎌지고 우리는 무의식적

으로 아이의 행동과 말에 점점 반사적으로 그리고 자동적으로 반
응하게 됩니다. 마치 우리의 하루하루는 특별할 것 없어 보입니
다. 어제와 오늘이 똑같아 보입니다.

그러나 그 속엔 그냥 지나쳐서는 안 될 중요한 순간이 있습니다.
바로 아이와 우리에게 정말 소중하고 의미 있는 '순간'과 '시간'
입니다.

1) Quality moments(양질의 순간)

'퀄리티 모멘트Quality moments'는, 아이와 양육자(교육자) 사이에서
일어나는 'Teachable moments', 아이의 'Challenging behaviors'
가 보이는 순간, 그리고 우리 삶 속 개개인의 'Challenging
moments'를 통틀어 부르는 말입니다. 아이와 양육자의 마음과 마
음이 소통하며 아이에 대한 교육이 '참'으로 이루어지는 순간이기
에 '진실의 순간The moment of truth'이 되는 순간입니다.

– 교육의 순간Teachable moment

아이가 알고 싶어 하고 궁금해하는 욕구와 필요가 생겨나 학습
과 성장이 다른 때보다 더 잘 일어날 수 있는 순간을 말합니다. 아
이로부터 자생적인 호기심과 배움에 대한 본능적인 욕구가 일어나
는 순간입니다.

– **힘든 행동**Challenging behaviors

아이의 부적절하거나, 올바르지 않거나, 받아들이기 어려운 행동들을 말합니다. 교육자들은 이 순간을 잘 활용하면 위에서 언급한 대로 '참된 교육의 순간'이 될 수 있다고 말합니다.

– **힘든 순간**Challenging moments

한 개인의 삶에 있어 내·외부적 여러 스트레스 요인으로 인해 다루기 어려운 분노, 화, 깊은 슬픔 등의 강한 감정이 일어나는 순간입니다. 이처럼 심리적으로 연약한 상태일 때는 현명한 선택을 하기가 어렵지만, 역설적으로 연약한 자신의 상태를 포용할 수 있는 '특별한 경험'에 대한 소중한 기회가 되기도 합니다.

겉으로 보기에 위의 세 가지는 우리에게 도전하는 것 같고 우리를 힘들고 나약하게 만드는 것 같습니다. 그러나 우리가 그것을 어떻게 바라보고 받아들이는가에 따라 그 의미를 완전히 다르게 만들 수 있습니다. 그 비밀은 바로 우리의 말 속에 있습니다.

위의 세 가지 순간들을,
힘들고 어려운 순간이 왔을 때,
– 중요한 순간이다 – 라고 말해 보세요.

아무리 어렵고 힘든 순간이 찾아와 우리를 코너로 몰아도 우리에겐 언제나 선택할 수 있는 것이 하나 있습니다. 그것은 우리의 태도입니다. 우리의 육아에 대한 마인드, 관점과 태도는 육아 생활의 만족감, 건강, 행복의 질을 높이는 데 매우 중요합니다. 우리가 육아의 의미를 어떻게 이해하고 받아들이느냐에 따라 육아는 즐겁고 편안한 여정이 될 수도, 힘들고 거친 길이 될 수도 있습니다.

자신에게 말해 주세요.

'지금 이 순간, 중요한 순간이다. 현명한 선택을 해야겠다.'
'중요한 순간이다. 내가 어떻게 하느냐에 따라 아이에게 잊고 싶은 기억이 될 수도 있고, 우리에게 소중하고 의미 있는 순간이 될 수도 있어.'
우리의 생각과 행동은 유기적으로 얽혀 있습니다. 무엇이 먼저라고 단정 지을 순 없으나 한 가지 분명한 것은 있습니다.

'우리의 말은 생각을 바꾸고
생각은 감정을 바꾸고 감정은 태도를 바꾼다.'

물론 어쩌다 하는 말 한두 마디로 변화가 오지는 않을 것입니다. 그러나 지속적으로 연습하면 어려운 순간이 왔을 때 자신도 모르게 보다 현명한 선택에 가까운 움직임을 취하게 되는 자신을 보게 됩니다. 자신의 삶과 육아가 성숙해지는 길에 방향성을 갖게 되는 것입니다.

우리가 '중요한 순간'이라고 말할 때 우리 내면의 긍정적인 자질들은 깊은 곳에서 꿈틀대기 시작합니다. 그리고 적극적으로 사용되길 바라고 기다리고 있습니다. 우리의 잠재력과 능력, 가능성이 사용될 때에 힘든 순간은 말 그대로 '중요한 순간', 즉 아이와 깊게 교감, 소통하고 아이와 함께 우리 자신이 성숙해지는 순간이 됩니다.

육아의 중요한 순간은 내 자신이 몸과 마음이 온전하지 않아 예민한 상태일 때, 즉 아이 혹은 당신에게 강한 감정이 일어날 때 자주 찾아옵니다. 아이가 자기 할 일 잘하면서 말도 잘 듣고, 잘 놀 때나, 내 자신이 편안하고, 기분 좋고, 만족스러울 때는 사실 특별한 기술이나 다양한 접근법이 굳이 필요가 없습니다. 상황은 평화롭고, 부드럽고 자연스럽게 흘러갑니다.

중요한 것은, 문제가 생기는 순간들입니다. 문제(어려움이나 스트레스 등)는 사람을 평소보다 더욱 연약하고 불안정하게 하고 긴장하게 만들기 때문입니다. 아이와 우리 자신의 내면이 불안정하거나 강한 감정이 휘몰아치는 상태일 때는 외부로부터 오는 충격이나 영향을 받아들이는 문이 활짝 열려 있는 상태와 같아집니다. 평소에 내면의 상태가 어느 정도 다듬어진 벽돌이라면 이 순간엔 마음이 마치 물렁물렁한 진흙과 같아져서 찍으면 찍는 대로 상처와 자국이 그대로 남게 되는 것입니다.

당신이 어렵고 힘들다고 느끼는
그 순간이 바로 '육아의 중요한 순간'입니다.
상황에 적절하게 반응하여
건강하게 대처하는 자신을 머릿속에 그려보세요.

육아의 중요한 순간이 당신이 생각하는 올바른 방식으로 제대로 다루어지면 당신과 아이는 서로 자기 자신에 대한 깊은 만족감과 안정감을 느낍니다. 아이는 어려움 속에서 당신의 긍정적인 자질들을 간접적으로 체험하며 주변에 대한 따뜻함, 믿음과 신뢰를 쌓으며 성장하게 됩니다.

2) Quality times(양질의 시간)

Quality time은 아이와 제대로 된 양질의 시간을 갖는 것입니다. 아이와 '얼마나, 무엇을 하며 시간을 같이 보냈느냐'보다 '어떻게 시간을 함께 보냈느냐'를 생각해 보고 이에 집중하는 것입니다. 양질의 시간은 본격적으로 아이의 스트레스를 풀어주고 관심과 애정에 대한 욕구를 만족시켜 주는 시간이기에 아이의 전체적인 성장 발달에 꼭 필요한 영양분이 됩니다.

실제로 아이와 함께 보낸 시간의 질이 그 양보다 더 중요하고 아이의 만족감, 즐거움, 학습효과 등에 더 큰 영향을 미친다는 연구 결과가 있습니다. 직장 일을 하는 엄마가 아이와 함께하는 시간이 많지 않다고 죄책감을 갖거나 미안해할 필요도, 굳이 비싼 장난감이나 멋진 여행으로 보답할 필요도 없는 것입니다. 반대로 전업주부가 자신은 아이와 항상 함께 있어 준다고 자랑할 필요도 없고, 오히려 그 시간들이 의미하는 바를 제대로 보아야 한다는 사실을 외면해서는 안 될 것입니다.

'양질의 시간'을 보낸다는 것은 꼭 특별한 활동이나 추억거리를 만든다는 것이 아닙니다. 아이와 함께하는 '퀄리티 타임'이란 시간의 길이와 상관없이 나의 몸, 마음, 정신을 아이에게 주는 것입니다.

아이 옆에 있으면서도 컴퓨터를 보면서 아이의 놀이에 제대로 동참하지 못하거나 같이 놀면서도 스마트폰으로 이메일을 체크하느라 질문에 대답해 주지 못한다면 당신의 몸은 아이 옆에 있으나 마음은 다른 곳에 있는 것입니다. 이것은 아이에게, 그리고 부모 자신에게도 몸만 같이 있을 뿐 그 이상이 될 수 없습니다. 오히려 아이는 내심 서운해하고 정확히 무어라 말할 수 없지만 뭔지 모를 미세한 불만족을 조금씩 쌓게 됩니다.

실제로 상대방을 위해 컴퓨터, 핸드폰 등을 꺼 놓았다는 사실을 상대방에게 단순히 알리는 것만으로, 즉 함께하는 '상대가 나에게 온전히 집중하고 있다는 것을 아는 것만으로도' 함께하는 시간의 질을 높인다고 합니다.

아이가 중심이 되어, 아이의 흥미에 채널을 맞추어 교감하여 주세요. 아이와 함께 있는 시간이 5시간이라면 그중 1시간, 30분만이라도 텔레비전, 핸드폰, 문자, 전화, 이메일, 해야 할 집안일, 직장일 등으로부터 벗어나 시간의 길이에 상관없이 온전히 몸과 마음을 다해 아이와 함께 있어주세요. 마치 이 세상엔 아이와 나와 둘뿐인 것처럼, 아이의 말, 표정, 감정을 집중하여 듣고 성심을 다해 대응해 주세요. 이것이 함께 있는 시간의 질을 높이는 방법 중 하나입니다.

그렇다면, 이처럼 소중하고 중요한 순간과 시간들을 어떻게 하면 제대로 다룰 수 있을까요. 그럴 만한 에너지와 정신적 여유를 어떻게 하면 가질 수 있을까요.

이를 위해서는 자신의 감정을 다룰 수 있는 방법을 알아야 합니다. 그리고 연습해야 합니다. '퀄리티 육아법'에서 감정을 관리한다는 것은 자신의 감정을 단순히 통제·조절하는 것을 말하는 것이 아닙니다. 우리의 감정을 받아들이고 그 뿌리를 이해하고 넓은 스펙트럼의 감정을 포용하는 것을 말합니다.

우리는 지나친 자기연민이나 자기애는 위험하고 이기적인 모습이라고 알고 있습니다. 그러나 더 위험한 것은 자신의 감정을 제대로 보아주지 않고 정성껏 다루어 주지 않는 것입니다. 스스로를 위로하고 공감해 주는 과정 속에서 긴장된 감정이 진정으로 해소가 되고 건강하게 표출될 수 있는 출구가 만들어지며 상황에 따른 자신의 행동과 반응이 다듬어질 수 있습니다. 나아가 앞으로 비슷한 상황에서의 반응도 어느 정도 예상할 수 있기에 스스로 자신(말과 행동)을 적절하게 관리할 수 있는 것입니다.

'퀄리티 육아법'에서 자신의 감정을 다루는 방법으로
가장 먼저 권하는 것은
'상황에 반응하는 우리 자신에게 집중하는 것'입니다.

아이가 짜증을 내거나 우리의 부탁, 요구, 안내를 거부하거나 반항하는 것을 보면 이처럼 어려운 상황을 만들어낸 상황의 주인이 마치 아이인 것처럼 보입니다. 아이는 우리의 인내심을 시험하는 것 같고 마치 우리 삶의 주인이 되어 우리를 지배하려는 듯 우리로부터 필요한 모든 에너지를 끊임없이 빨아들입니다. 그러나 '상황에 반응하는 나'와 이런 반응을 이끌어내는 '깊은 내면의 자극점'을 제대로 보고 이해하게 되면 상황 자체가 주는 문제와 어려움의 크기는 아이가 만들어 내는 것이 아니라 이를 바라보고 받아들이고 관리하는 '나 자신'에게 달려 있다는 것을 깨닫게 됩니다.

예를 들어, 같은 상황이어도 어떤 사람은 스트레스를 크게 받고 화를 내며 괴로워하고 어떤 사람은 감정을 추스르고 현명하게 대처하여 극복합니다. 이것은 누가 더 잘나고 못나기 때문이 아닙니다. 타고나고 길러진 역량과 성향의 차이일 수도 있지만 가장 큰 차이는 상황을 바라보는 관점과 이를 다루는 태도에 있습니다.

건강한 육아에서 올바른 태도란
그 어떤 힘들고 모진 상황일지라도 아이와 상황에 흔들리지 않고
마주한 문제와 도전을 건강하게 다룰 수 있는 힘이
바로 우리 자신에게 있음을 알고 이를 실제로 활용하는 것입니다.
어떤 육아 문제와 어려움으로 힘들지라도
마주한 상황의 주인은 바로 우리 자신입니다.

"당신이 어렵고 힘들다고 느끼는
그 순간이 바로 퀄리티 모멘트입니다.
상황에 적절하게 반응하여
건강하게 대처하는
자신을 머릿속에 그려보세요."

당신을 위한
힐링육아 레시피를 찾아서

육아가 정말 힘들다고 느끼는 순간들은 다음과 같이 나누어 볼 수 있습니다.

1) 아이가 다루기 어려운 행동을 할 경우
2) 내 자신이 어려운 상황에 놓여 있을 경우
(경제적 문제, 건강, 남편, 친구, 가족이 관련된 대인관계 문제 등)

겉으로 보기엔 1번의 경우가 우리를 힘들게 하는 육아 문제와 스트레스의 직접적인 요인인 것 같습니다. 그러나 상황에 처한 자신과 아이, 상황을 관찰할수록 아이가 보이는 행동보다는 자기 자신이 속한 상황이 거칠고 피곤할수록 아이를 대할 때 필요 이상으

로 예민해지고 행동과 말도 생각처럼 잘 나오지 않는다는 것을 알
게 됩니다. 다시 말하면, 아이가 아무리 고집을 피우고 짜증을 내
도 우리 몸과 마음이 그것을 받아줄 상태와 여유가 되어 있을 땐
아이한테도 교육적이고 부드럽게 대할 수 있고, 어찌 해야 할지 모
르는 상황에서도 비교적 부드럽고 자연스럽게 넘어갈 수 있습니
다. 하지만 자기 자신이 경제적 어려움이나 주변 사람들과의 일들
로 스트레스를 받고 있을 땐 아이가 아무리 잘하고 있고 평범한 사
소한 실수를 해도 필요 이상으로 크게 받아들이고, 잔소리를 하게
되고, 예민하게 반응하게 되는 것입니다.

어쩌면 육아 고민과 스트레스는

아이가 직접 만들어내는 문제라기보다

우리 자신이 상황에 대응하는 과정에서 만들어내는 것이

더 큰 것인지도 모릅니다.

해야 할 일은 많은데 아이가 협조를 잘 안 해 주거나 아이가 자
신이 해야 할 일을 하지 않으면 우리는 순간 크고 작은 육아 스트
레스를 받습니다. 스트레스가 크고 작고 혹은 그 자체가 '나쁘다',
'좋다'를 떠나서 우리는 이 피로감을 어떻게 해야 할지에 대해 의
식적 그리고 무의식적으로 반응합니다. 우린 '아이가 왜 이럴까,
오늘따라 왜 이럴까.' 생각하며 상황을 당장 끝내고 해결하고 싶어

합니다.

　이럴 때 가장 먼저 필요한 것은, 아이가 나를 힘들게 한다고 느끼는 그 순간, 우리 자신의 몸과 마음 그리고 정신의 상태, 아침부터 혹은 요 근래 주로 깔려 있는 감정, 경제적 문제나 대인관계 문제 등 요즘 나를 괴롭히고 신경 쓰이게 하는 것들을 중심으로 '상황을 바라보는 우리 자신의 상태를 먼저 의식적으로 자각'하려고 노력하는 것입니다. 이 관점은 육아를 철저한 아이 중심에서 우리 자신이 중심이 되어 상황으로 접근하게 합니다.

　부모라면 누구나 아이를 사랑합니다. 아이에게 우리가 가진 사랑은 이미 충분합니다. 그러나 우리 자신에겐 그것이 전부가 아닙니다. 육아를 하면서 끊임없이 소비되는 내 안의 에너지를 채우고 내 삶의 주인의식을 되찾아야 합니다. 그러기 위해서는 건강한 육아를 '아이를 위해' 하는 것을 넘어 서서 '나 자신'을 위해 한다는 넓은 관점이 필요합니다.

　아이를 잘 키워서 만족감을 느끼라는 말이 아닙니다. 아이와 나의 삶은 깊게 연결되어 있으나 분명한 개별의 것이고, 나는 아이의 삶이 아닌 나의 삶의 주인이라는 마음을 항상 지니고 있어야 합니다. 그런데 이를 위해선 나를 지키고 돌보고 바라보는 마음을 누군가가 채워주길 기대하거나 기다리지 말고 스스로 채울 수 있는 방법을 찾아야 합니다. 지금 이 순간부터 내가 가진 어려움과 문제를 보다 적극적으로 마주하고 대담하게 대하는 것입니다.

나 자신을 건강하게 돌본다는 것은 자기 자신과 관계를 건강하게 가꾼다는 것을 의미합니다. 우리는 그동안 육아, 아이, 자녀교육을 키워드로 놓고 아이와의 친밀한 관계를 위해 노력해 왔습니다. 그러나 아이와의 건강한 관계를 만드는 데 가장 바탕이 되는 것은 바로 '나 자신'과의 관계입니다. 그리고 나와 아이의 관계는 나와 나의 엄마, 아빠, 형제, 배우자 등 주변 인물과의 관계가 아닌, 나를 둘러싼 모든 세상(인간과 물질과 정신을 포함한)과의 관계 그 중심에 있는 '내'가 '나 자신'을 보는 관점과 '내가 나를 대하는 태도'에 의해 만들어집니다. 우리는 자주 자신에게 일어난 감정의 원인을 밖에서, 다른 사람에게서 찾습니다. 특히, 내가 어떤 불편한 감정, 문제, 어려움으로 힘이 들 때면 이렇게 만든 상대를 비난하고 나에게 닥친 이 상황에 대해 불평합니다. 그러나 자기 삶에 대한 주인의식이 있는 보다 성숙한 모습은 내 안의 감정이 일어난 원인과 그 결과에 대해 온전히 받아들이고 이를 적극적으로 건강하게 내 안에서, 내 손에서 직접 관리하고자 하는 태도입니다.

감정이란 마치 이성에게 관리 받아야 할 통제의 대상 같지만 실은 그렇지 않습니다. 다양한 감정은 우리를 더욱 인간답게 하고 다른 사람과 깊게 교감할 수 있게 합니다. 강한 감정은 우리를 압도하여 연약하게 만들기도 하지만 이러한 연약함은 우리를 더욱 아름답게 만들어 줍니다.

미국의 사회복지분야 교수이자 연구원인 브레네Brene박사는 '수
치심'을 연구하다 '연약함'을 건강하게 수용하는 사람이 가진 높은
자존감에 주목하였습니다. 그녀는 우리가 가진 연약함이야말로 창
조성, 소속감, 기쁨, 동정심의 뿌리가 된다고 말합니다. 감정과 정
신이 온전하고 완벽할 수 있도록, 상처받지 않도록 자신을 보호해
야 한다는 생각을 멈추고 자신을 연약하게 만드는 구부러지고 거
친 감정들을 포근히 안아 주세요. 이제 자신을 불편하게 하는 감
정을 피하거나 없애려고만 하는 것을 멈추고 당당하고 담대하게
그리고 너그럽게 바라봐주세요. 때론 연민을 갖고 보살펴 주세요.
부모라는 역할은 당신에게 많은 연습의 기회를 줄 것입니다. 그리
고 자신을 보다 더 성숙하고 건강한 모습으로 감정을 마주하고 포
용하기를 요구할 것입니다.

감정을 바라보는 열린 관점을 위해, 다음 두 가지를 기억해 주
세요.

– 감정 '자체'에는 좋고 나쁨, 옳고 그름이 없습니다. 다만 우리
가 살아오면서 감정에 대해 그러한 여러 가치를 부여한 것입니다.
이 말은 우리가 감정에 어떤 색을 입히느냐에 따라 감정이 주는 의
미가 달라질 수 있다는 것을 의미합니다. 감정에 대해 여러 견해가
있지만, 일차적으로 모두가 공감할 수 있는 부분은, 감정이란 나
의 생각과 지난날 경험이 만들어 낸 자연스러운 신체 반응이라는
것입니다. 몸속에서 일어나는 감정을 어떻게 인식하느냐에 따라

감정이 나에게 주는 느낌과 이에 반응하는 자세가 달라질 수 있습니다. 심리학자들은 감정이란 나의 생존과 번영에 필요한 요소라고 말합니다. 분노나 두려움, 화조차도 나를 안전하게 지키기 위해 강하게 자신을 드러내는 고마운 존재인 것입니다. 나를 더욱 인간답고 아름답게 만들어주는 모든 감정의 존재를 인정해 주세요. 이미 일어난 감정들을 억누르거나 회피하지 말고 있는 그대로 인정하고 받아들이며 나만의 적절하고 창조적이면서도 주변에 받아들여질 수 있는 수준의 방식으로 표출될 수 있도록 도와주세요. 연습을 할수록, 당장은 외면하고 싶은 불편한 감정(깊은 화나 슬픔, 외로움 등)들이 점차 나를 창조적이며 생기 있는 존재로 이끄는 느낌을 받게 됩니다.

- 감정을 조절한다는 것은, 바로 말하면, 감정에 반응하는 나의 행동을 조절한다는 뜻입니다. 감정을 긍정적으로 풀어내는 가장 건강하고 효과적인 방법은 '창조적으로 표현하는 것'입니다. 스위스 출신 영국인 작가이자 철학자 알랭 드 보통Alain De Botton은 예술과 문화가 가진 치유의 힘을 강조하며 예술을 통해 자신을 알아가고 돌보기를 권합니다. 우린 고전문학, 철학, 인문학, 그림, 시, 박물관, 뛰어난 건축물 등을 통해 시대를 초월하여 작가와 공감하며 내 안에 내재된 외로움과 슬픔과 화를 위로 받을 수 있습니다. 그리고 감정이 주는 어려움을 해소하고 문제를 본격적으로 다듬기 위해서는 '글쓰기'나 '그림 그리기' 등으로 예술 활동을 '직접 하는 것'을 권장합니다. 음악, 춤과 같은 문화생활도 좋습니다.

특히 '글쓰기'의 치유 효과는 이미 많은 심리학자와 치료사들 사이에서 인정받고 실제로 많이 쓰이는 방법입니다. 일기나 비밀 혹은 공개 블로그도 좋습니다. 자신이 편한 방식을 찾아 나만의 감정 창구를 만들어 보세요. 우리의 감정은 우리의 창조성을 자극하고 고무시킵니다. 혹시 '나는 창조적이지 않아. 할 줄 아는 게 없는걸. 예술은 어려워.'라고 생각하시나요. 다음은 철학자이자 시인인 마크 네포Mark Nepo의 말입니다.

\- Everyone is a poet. -

(우리 모두는 시인이다.)

이 말은 '우리 모두는 각자 자신의 인생을 노래하는 시인이다'라고 해석될 수 있을 것입니다. 우리 모두는 자신의 삶을 표현하는 예술가입니다. 마크는 노래가 좋으면 부르면 되고 글쓰기가 좋으면 쓰면 되는 것이라고 말하면서, 우리가 창작에 대한 전문성을 가져야 한다, 잘해야 한다는 두려움과 벽을 허물고 예술을 친근하게 자신의 방식대로 생활화 할 수 있다는 사실을 일깨워 줍니다. 그리고 자기 치유 혹은 감정 관리에서 가장 중요한 것이 있습니다. 바로 '자연 속에서의 사색'입니다. 꼭 산이나 바다에 갈 필요는 없습니다. 한 송이 꽃을 보면서도 할 수 있고 하늘의 구름을 보면서, 창 밖에 떨어지는 빗방울을 보면서도 할 수 있습니다.

안으로는, 내가 나를 어떻게 생각하고, 어떻게 바라보고 있는지, 나는 나를 어떤 방식으로 소중히 하고, 존중하고, 사랑하며, 이해하고 있는지… 그리고 밖으로는, 내가 가진 나에 대한 느낌과 감정이 어떤 식으로 밖으로 표출되고 있는지를 안다는 것은 건강한 자신과의 관계를 바탕으로 건강한 육아를 하기 위해 매우 중요합니다. 자기 자신에게 항상 못마땅해 하고 자기 안을 솔직하게 들여다보기를 외면하는 사람이 진실로 아이와 교감하고 소통하며 아이의 마음을 헤아릴 줄 안다고 기대할 순 없을 것입니다. 자기 자신과의 관계가 건강한 사람 즉, 자기 자신을 소중히 하고 올바르게 사랑하는 사람은 아이를 사랑하는 법을 알고 표현할 줄 압니다.

부모가 올바르게 자기 자신을 존중하고 제대로 돌보는 모습을 보고 자란 아이는 자기 자신을 넘어서 다른 사람의 자아까지도 존중하는 법을 경험합니다.

아이는 매일 성장합니다. 오늘 지금 내가 보고 있는 이 아이는 어제와는 다릅니다. 아이는 하루가 다르게 성장하고 독립심을 길러가며 사고가 확장되는데, 내가 어제와 오늘에 머무르면 육아는 피곤한 것이 되고 내 삶의 생기도 점점 사라지게 됩니다.

개성적이고 독립적으로 성장하는 아이를 건강하게 마주하고 대하려면 나 자신의 긍정적인 자질들이 스스로 발현될 수 있는 기회를 가져야 합니다. 흔히 말하는 좋은 부모, 훌륭한 부모가 가진 특성, 자질이란 것이 있습니다. 인내, 이해심, 포용력, 관용, 재치,

부드러움, 평온함, 강인함… 그런데 그것은 특별히 누군가만 타고 나거나 노력하는 사람에게만 있는 것이 아닙니다. 우리 모두에게 있으며 우리가 가진 자신만의 고유한 방식으로 표현됩니다. 내면 의 자질들은 마치 근육처럼, 자주 쓰이면 커지고 견고해지며 밖으 로 성장합니다. 자주 쓰지 않으면 작아지고 약해져서 마치 없는 것 처럼 느껴지지요.

내 안의 퀄리티들은 깊은 곳에 잠재하고 있고 자신들이 쓰이길 기다리고 있습니다. 내가 가진 긍정적인 내면의 힘이 자연스럽게 밖으로 나와 필요할 때에 표출되려면 의식적인 연습이 필요합니 다. 즉, 내가 하고 싶은 육아 기술을 실제에 적용할 때, 아이가 이 것을 얼마나 받아들이고 언제 변화할 것이며, 얼마큼 더욱 발달할 것인가를 묻기에 앞서 나 자신의 내면의 퀄리티들이 얼마나 잘 발 현되고 있는가에 집중하는 것입니다. 사실 내가 얼마나 더 나아지 고 있느냐, 얼마큼 성장했느냐는 중요하게 알아야 할 부분이 아닙 니다. 내가 갖고 있는 '나의 삶에 대한 긍정적인 에너지와 건강한 관점'을 유지하기 위한 의지와 태도가 중요합니다. 그리고 이것 자 체가 아이에게 있어서 훌륭한 육아법이 되며 나에게 있어 전체적 으로 건강한 삶을 꾸려 나가기 위한 튼튼한 뿌리가 됩니다.

우리는 우리 자신이 완벽하길 기대하지 않습니다. 그저 조금 더 나아지고 괜찮아지려고 노력할 뿐입니다. 정답은 없을지라도, 최고 가 아니더라도, 우리는 내 아이와 나에게 맞는 최선의 육아법을 찾을 수는 있을 것입니다. 다음 세 가지 영역에 그 열쇠가 있습니다.

1) 태도(attitude)

육아를 포함한 삶에 대한 태도는 자기조절(절제), 자기관리, 자기양육, 자아의식, 자기치유, 자기돌봄이라는 요소와 관련이 있습니다. 특히, 자기 자신의 몸과 마음에 에너지와 활기를 불어넣을 자신만의 방식을 찾는 것은 매우 중요합니다. 기분을 전환시키고 신선한 자극을 줄 수 있거나 나를 편안하게 하는 것이면 무엇이든 생활 속에 포함하도록 합니다. 머그잔보다는 투명한 유리잔이나 와인잔에 물을 마시면 더 시원하고 깨끗한 기분이 들기도 합니다. 동요가 아니더라도 당신이 그날 듣고 싶고 좋아하는 음악을 틀어놓고 설거지를 하거나 청소기를 돌립니다. 집안일은 잠시 뒤로 하고 아이가 간식을 먹을 때 나에게 따뜻한 커피 한 잔을 허락한다거나, 식사를 제대로 못했을 때는 냉장고에 돌아다니는 과일과 채소를 넣고 스무디를 만들어 예쁜 빨대를 꽂아 마신다든지, 꽃을 꽃병에 놓고 자주 들여다봅니다. 그것이 아주 사소한 것일지라도 나의 일상에 색감과 활력을 줄 수 있는 방법이라면 찾아서 해 보세요. 생각보다 기분전환이 더 크게 되고 새로운 자극이 됩니다.

나의 내외적 건강은 나에게 의욕과 생기를 주고 아이를 제대로 잘 돌보아 줄 수 있는 에너지를 줍니다. 육아를 잘하려고 당신 자신의 소중함과 삶의 건강함을 지나치게 희생하는 것은 당신과 아이 모두에게 의미가 없습니다. 당신이 지금 자신을 대하는 태도, 삶을 대하는 태도는 당신이 삶을 사는 방식이지만 이것은 아이의 삶에도 그대로 흡수됩니다. 그리고 그 영향은 당신이 원하는 그 어떤 멋진 육아 기술의 힘보다 더욱 강하고 큽니다.

2) 지식(knowledge)

아이를 키울 때 알아야 할 가장 중요한 것은 나 자신의 몸과 마음에 필요한 것이 무엇인지를 아는 것입니다. 이것은 우리가 자기 감정의 뿌리, 즉 감정이 일어나는 직접적인 요인, 당신이 마주한 일정한 상황에 대해 어떤 일정한 방식으로 반응하는 이유 등의 원인을 찾을 때 도움을 줍니다. 그리고 우리가 우리 자신에 대해 잘 알고 있을수록 상황을 보다 깊이 이해할 여유를 갖게 되면서 아이가 정말 원하는 것이 무엇인지 필요한 것이 어떤 것인지도 더욱 잘 간파하고 해석할 수 있습니다. 즉, 육아가, 그리고 육아를 통해, 오히려 에너지를 얻고 더욱 건강해지는 것입니다.

물론 아이를 돌보면서 나 자신의 기본적인 욕구조차 해결할 수 없을 때가 많을 것입니다. 그럼에도 불구하고 나 자신의 내면의 목소리(욕구, 원함, 욕망, 희망 등)를 듣고, 내가 왜 그렇게 대응하려고 하는지, 왜 그런 반응이 나왔는지, 무엇이 필요하기 때문인지, 나의 무엇이 자극 받고 있는지를 찾고 알게 되면 아이가 보이는 모습에 순간적으로 휘둘리지 않고 상황이 제대로 보이며 내 자신이 할 수 있는 일이 무엇인지 알게 됩니다. 이제 육아에 관련된 다양한 분야의 전문서적보다는 나의 몸, 마음, 정신, 영혼에 있어서 놓치고 있는 것이 무엇인지, 채워야 할 부분은 무엇인지, 어떻게 돌보아줄 수 있을 것인지에 대한 생각을 시작해야 합니다.

3) 기술(skills)

여기서 기술이란 '연습을 통한 숙련된 기술' 즉 '연습하기'를 의미합니다. 내가 원하는 행동, 생각, 말, 전략, 기술이 있다면 실제에 적용하고 연습하고 또 연습하는 것입니다. 내가 하고자 하는 대로 아이에게 제대로 못 해 줄 때도 있고, 잘 될 때도 있고, 이상하게 어느 날은 반응이 다를 때도 있고, 안 통할 때도 있고, 의외로 효과가 있을 때도 있습니다. 방황하고 흔들릴 때도 있지만, 한결같이 내가 나아가고자 하는 방향을 잃지 않고 연습하는 것이 중요합니다.

연습은 나를 숙련되게 합니다. 매일, 매번, 매 순간의 실전을 연습이라고 생각하고 행동합니다. 나의 행동과 말을 지나치게 조심해야 한다는 부담은 갖지 않아도 됩니다. 우리는 감정이 연약한 많은 사람 중에 한 명이며, 스스로 노력하고 있다는 것을 알고 있기 때문입니다. 당신이 적용하고 연습하고 싶은 육아 기술을 제대로 시연하는 모습을 마음속에 그리며 상황을 적절히 다루는 당신을 믿고 응원해 주세요. 자기 자신을 의식한다는 것은 태도를 관리할 수 있는 정신적 공간을 갖고 있다는 뜻입니다. 실전에서의 연습을 통해 숙련이 되면 상황에 자연스럽고 편안하게 대처할 수 있게 됩니다.

모든 아이가 서로 다르듯 모든 부모도 서로 다릅니다. 그래서 육아는 더욱 혼란스럽고 힘든지도 모릅니다. 누구에게나 언제나 적용되는 정답은 없기 때문입니다. 그러나 우리에게 공통된 요소가 하나 있습니다. 우리 모두는 감정의 동물, 생각하는 사람, 우리 하나 하나가 특별하고 개성적인 존재이며, 몸, 마음, 정신, 영혼이 함께 긴밀하게 연결되어 서로 영향을 주고받으며 다른 존재들과 깊은 관계를 맺으며 살아가고 있다는 것입니다. 이것을 복잡하고 어려운 육아 여행에서 큰 그림으로 갖고 있다면, 길을 잃는다 해도 원하는 방향으로 다시 찾아갈 수 있을 것입니다.

부모는 아이에게 있어 제1의 교육자이자 최고의 전문가라는 말을 우린 많이 들어왔습니다. 이 말이 부모가 자신의 자녀에게 맞는 교육법에 대해 올바른 지식을 갖고 적절한 스킬을 알아야 한다는 단순한 의미를 담고 있는 것은 아닐 것입니다. 아마도 부모라면 자신의 아이에 대해 그만큼 잘 아는 사람은 없다는 뜻이 함께 담겨 있겠지요. 그런데 현실 속의 우리의 모습은 그렇지 않습니다. 나의 아이인데도 그 심중을 알 수가 없고 상황을 제대로 파악하기도 힘들어서 정신분석, 아동심리, 행동발달 등에 대한 여러 전문서적들을 찾아보고 전문가나 이웃집이나 파워블로거의 육아스토리를 보며 해답이나 실마리를 찾으려 합니다. 이런 공부와 리서치는 충분하진 않아도 당장 필요한 풍부한 지식과 요령을 주고 아마 실생활에 도움이 될 때도 많이 있을 것입니다.

그러나 진정으로 우리 자신과 아이의 특성과 개성이 존중되는 육아 방식과 관점을 찾고 싶다면, 우리 마음속 깊은 곳의 내비게이션을 작동시켜야 합니다. 우리 모두에게는 마주한 상황에서 우리에게 필요한 것이 무엇인지 알아차리고 옳은 방향으로 움직이게 하는 내면의 내비게이션이 있습니다. 그것은 우리 스스로 맞는 선택을 할 수 있는 길을 알려줍니다. 맞고 옳은 길로부터 멀어지면 기분이 안 좋아지고 확신이 안 서고 방황하고 당황하는 경험이 많아집니다. 맞는 길로 가고 있을 땐 기분이 편안하고, 주변과 공감과 교감을 하고, 자신에게 무엇이 좋고 무엇을 해야 할지 판단이 서며, 걱정과 불안 대신 설렘과 용기가 생깁니다.

주변에서 해 주는 조언은 감사하는 마음으로 참고하고 꾸준히 당신의 직관이 감지하는 것에 집중해 보세요. 우리와 아이에게 맞는 육아법은 우리 안으로부터 찾아지고 만들어지고 표현됩니다. 이것을 언제나 기억하고 기준으로 하면 우리의 삶을 지배하던 힘들고 복잡했던 육아와 자녀교육이 조금씩 편해지고 자연스런 내 삶의 일부가 됩니다.

육아에 있어서 완벽한 기술이나 정답은 없습니다. 상황을 당장 해결하고 아이가 바르게 당신이 원하던 행동을 하게 만드는 비법도, 누구에게나 적용되는 쿨하고 멋진 엄마가 되기 위한 왕도의 길도 없습니다. 다만 한 가지 분명한 것은, 부모마다 자신만의 인생철학, 교육철학과 가치관이 있으며, 이것은 아이를 대하는 태도와 마주한 상황을 다루는 모습에 그대로 반영된다는 것입니다. 육아 따로 부모의 개인적인 삶 따로 생각할 수 없습니다. 아이는 부모가 보여주는 삶의 모습을 있는 그대로 관찰하고 학습하기 때문입니다.

이 세상에 모든 면에서 완벽한 사람 없고, 완벽한 부모도, 완벽한 육아 기술도 없습니다. 그래도 좀 더 나은 방법을 찾는다면, 그것은 육아를 하면서 당신과 아이 서로에게 정말 중요한 순간들을 알아차리고 이 순간만이라도 제대로 그리고 건설적으로 다루는 것이 될 것입니다. '퀄리티 육아법'이 당신의 육아에 대한 관점을 새롭게 하고 육아 기술을 보다 효과적으로 다루게 하며 육아를 포함한 당신의 삶 전체가 건강해질 수 있는 데 도움이 되길 바랍니다.

* 이 책의 아이 성장 발달에 대한 해설, 설명, 관점이나 교육과 학습에 대한 접근법은 뉴질랜드의 유아철학, 특히 뉴질랜드 정부가 발행한 유아교육 커리큘럼 'Te Whariki'의 영향을 받았습니다. 뉴질랜드의 유아교육은 아이 중심, 놀이 중심이며, 아이를 둘러싼 모든 겹겹의 환경(부모, 가족, 지역사회, 나라, 사회, 문화, 지구 등)들은 아이의 발달에 직간접적인 영향을 미치기 때문에 아이를 이해하고 성장을 도와줄 때 아이를 둘러싼 환경을 중요한 요소로 생각합니다. 아이는 각 발달영역이 따로 성장하는 것이 아니라 서로 긴밀하게 연결되어 영향을 주고받으며 전체적으로 성장(holistic development)한다고 봅니다.

The way we talk to our children becomes their inner voice.

우리가 지금 아이에게 하는 말은

훗날 아이 자신의 마음의 소리가 된다.

-Peggy O'Mara -

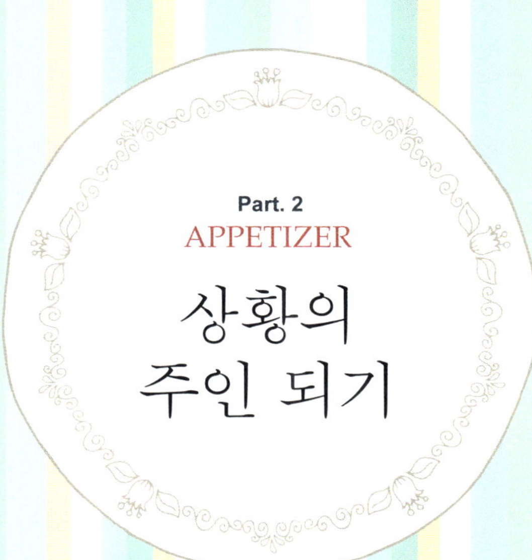

Part. 2
APPETIZER
상황의
주인 되기

애피타이저는 허기를 달래고 입맛을 돋우어 주어
메인 디시를 제대로 즐길 수 있게 도와줍니다.
마찬가지로 이곳에 소개된 애피타이저는
본격적으로 메인 디시(육아 기술)에 들어가기 전,
육아 생활 전반에 걸쳐 우리와 아이, 그리고 상황에 대해
어떤 마음과 관점으로 접근하면 좋을지 이야기하며,
메인 디시의 맛을 제대로 느끼고
보다 깊이 소화할 수 있도록 도와줄 것입니다.

나의 내면 들여다보기
– 화가 나는 힘든 상황을 위해 기억해야 할 9가지

퀄리티 모멘트를 캐치하고 이를 제대로 다루기 위해 가장 필요한 것은 나 자신의 '감정 관리'입니다. 다루기 어려운 상황에서 자신의 감정을 관리한다는 것은 말처럼 쉬운 일이 아닙니다. 퀄리티 육아법에서는 이를 위해 '깨어 있기'를 권합니다. 깨어 있다는 것은 일상 속에서 무의식적으로, 반사적으로, 자동적으로 선택하고 행동하고 반응하는 것을 멈추고 의식적으로 '지금의' 나와 주변에 대해 집중하고 온 마음으로(과거에 대한 후회나 미래에 대한 걱정으로부터 벗어난) '현재'를 사는 것입니다.

우리는 육아를 하면서 강한 분노, 화, 짜증 등을 느낄 때가 있습니다. 이럴 때 우리는 나를 지배하는 이 강한 감정에 대해 어쩔 줄 모르고 당황하는데 이는 과잉반응을 이끌거나 자신과 아이에게 상처를 주는 잘못이나 실수를 하게 합니다. 우리가 자신 안의 여러 색깔의 다양한 감정을 제대로 마주하고 관리하지 않으면 나중엔 아주 약한 자극에도 깊고 강한 감정이 부적절하고 불편한 방식으로 튀어나오게 됩니다. 그냥 '이 시기가 지나가면 나아지겠지.', '남들도 다 그렇다는데 뭐.' 하면서 당신의 내면이 어떤 상태인지 보는 것을 외면하면 언젠가 우리 안에 누적된 스트레스는 뜻하지 않은 곳에서 터지게 될 수도 있습니다. 어떤 사람들은 이것을 엄마들이 마음속에 담고 있는 시한폭탄이라고도 부릅니다.

레시피 1은 평소에 다독이면 좋은 마음가짐, 육아 문제와 육아 스트레스를 보는 관점과 이를 관리하기 위한 건강한 태도에 필요한 요소들에 대해 이야기합니다. 화가 나는 힘든 상황에서 무엇을 해야 좋을지 모르며 방황하는 당신에게 몇 가지 길을 제시해 줄 수 있을 것입니다.

화가 나는 힘든 상황을 위해 기억해야 할 9가지

1. 육아가 힘들어지고 뜻대로 되지 않을 때는, 아이 중심의 사고 방식을 벗어나 우리 자신을 들여다봐야 합니다. 좋은 육아라는 것은 우리 안에 갖고 있는 에너지가 긍정적일 때 나오기 때문입니다. 건강한 육아는 나 자신을 향한 건강하고 긍정적인 마음에서 나옵

니다. 아이가 커갈수록 우리는 아이에 대해 배워나가며 아이를 잘 알아가야 한다고 생각합니다. 그러나 육아를 할수록 더욱 더 잘 알아야 하는 것이 있다면 그것은 바로 '나 자신'입니다.

육아 문제와 스트레스로 고민 중이고 힘들어한다면 지금 나에게 필요한 것은 엄마라는 역할을 하는 '나 자신'을 통해 내가 원하는 것, 내가 바라는 것, (다른 사람이 아닌) 내가 보는 나 자신, 나라는 사람을 알아가고 배워나가는 것, 내가 가진 좋은 에너지를 발현시킬 기회를 포착하고 그 힘이 쓰일 수 있도록 허락하는 것입니다.

여기 아래, 몇 가지 단어들이 있습니다. 사람마다 정도의 차이와 표현하는 방식과 대상의 다름만 있을 뿐, 누구에게나 있는 부분들입니다.

사랑, 감사함, 사과, 용서, 받아들임, 인정, 이해심,
동정, 공감, 재치, 정직, 책임감, 인내, 꾸준함, 관용, 허용……

나는 과연 나에 대해 얼마나 알고 있을까요?

육아를 시작하면서, 스스로에게 가장 먼저 물어봐야 할 것은 '나는 과연 나를 얼마만큼 알고 있을까. 나는 나 자신을 어떻게 생각

하고 있을까'입니다.

　아래에 몇 가지 물음들이 있습니다. 친숙한 질문들이라고 그냥 넘기기 쉽지만 이번 기회에 자신에 대해 진지하게 생각해 볼 수 있는 계기가 되길 바랍니다. 긴박한 상황과 친숙하지 않은 상황에서는(우리는 육아를 하면서 낯설고 처음 겪는 일을 많이 경험하지요) 자신이 몰랐던, 전에는 미처 알지 못했던, 자신이 원하지 않던 낯선 모습이 불쑥 나오기도 합니다. 이에 대해 실망하고, 좌절하지 않고 신중하고 성숙한 태도를 유지하려면, 다양한 자신의 모습을 받아들이고 포용할 수 있으려면, 내 자신에 대해 내가 늘 관심을 갖고 많은 것을 느끼고 알고 있어야 합니다. 즉 자기 자신과 친해져야 한다는 뜻입니다. 다음 질문들은 우리 자신에 대해 조금 더 알아가게 도와줄 것입니다.

- 내가 가진 장점, 강점은 무엇일까(나는 무엇을 할 때 기분이 좋고 만족감을 느끼는가. 무엇을 할 때 약해짐을 느끼고 만족스럽지 않은가).
- 나는 나의 인성, 성향, 성격에 대해 어떻게 생각하고 있을까.
- 나는 나 자신을 어떻다고 느끼고 있나(나는 나를 떠올리면 주로 무엇을 느끼는가).
- 한 사람에겐 하나의 모습만 있는 것이 아니다. 여러 가지 버전의 인격과 성향이 있다. 그렇다면 나는, 진정한 나 자신의 모습은 무엇이라고 생각하고 있는가. 자신의 어떤 모습이 가장 편안한가. 그리고 나는 그것에 대해 어떤 감정을 느끼는가.

- 나는 어떨 때 화, 슬픔, 공허함, 절망, 좌절, 실망, 우울함, 분노 등을 느끼는가.
- 난 강한 감정이 일어날 때 실제로 어떻게 반응하는가. 어떤 방식으로 표출하고 해소하는가.
- 나는 무엇에 자극 받는가. 무엇(어떤 자극)이 나에게 그런 감정을 일으키게 하는가.
- 나는 나의 감정에 얼마나 책임의식을 느끼는가.
- 나는 불편한 감정과 상황에 대해 어떻게 반응하고 표현하고 풀어나가는가.
- 나는 실패, 도전, 분쟁, 논쟁, 의견 차이를 경험할 때 어떻게 반응하는가. 어떤 태도로 받아들이고 어떤 식으로 극복하고자 하는가.
- 세상에서 가장 어렵다고 하는 것이 있다. 그것은 용서이다. 나는 그동안 이것을 어떻게 경험해 왔는가.
- 나는 용서받기를 원할 때 어떻게 풀어 나가는가.
- 나는 용서를 하는 사람인가.
- 나는 나 자신을 용서할 수 있는가.
- 나는 나 자신을 사랑하는가.

2. 아이가 뜻대로 따라 주지 않을 땐 내가 설득력이 없는 것 같아서 혹은 해내야 하는 일을 제대로 못하고 있는 것 같은 나 자신(혹은 내 행동에 대한)을 향한 좌절감이 생기면서 그것이 화살이 되어 아이에게 도리어 화를 내기도 합니다. 사실 아이를 향해 느끼는 감

정은 나 자신을 향한 감정일 때가 많습니다.

　무언가 마음처럼 잘 되지 않고 자꾸 엇나가는 것 같다면, 아이의 행동에 바로 반응하지 않고 '일단 멈춤pause'니다. 정말 위급하거나 위험한 상황이 아니라면 아이의 행동에 꼭 즉각적으로 바로 반응해야 하는 것은 아닙니다. 스스로에게 상황을 한 발짝 떨어져서 볼 수 있게 하세요. 그리고 이 상황 속에서 '나 자신'이 느끼는 감정이 무엇인지 집중합니다. 그리고 그 감정을 인정해 줍니다. 예를 들어 '이렇게 화가 많이 나면 안 되는데.'라며 자책하는 것이 아니라 '내가 지금 화가 많이 나는구나.'라고 받아들이는 것입니다. 그리고 '내가 정말 화가 나는 이유는 무엇일까.'라고 자문해 봅니다.

'내가 정말 이토록 화(혹은 깊은 슬픔)를 느끼는 이유가 무엇일까.'
'내 마음속의 이 감정들은 오로지 아이를 향한 것인가,
아니면 다른 문제로 인한 것인가.'

　당신의 감정을 헤아리기 전, 먼저 알아야 할 것이 두 가지가 있습니다.

　하나는 우리가 우리를 둘러싼 내외적 환경에 생각보다 더 큰 지배를 받는다는 것입니다. 외부적으로는 경제적 어려움, 대인관계

에서의 문제, 직장문제, 배우자와의 다툼, 내부적으로는 호르몬이나 영양불균형, 피로감, 스트레스, 불만족, 불편함 등이 지금 당신이 갖는 감정의 직접적인 원인이 될 수 있습니다. 달리 말하면 아이가 아니더라도 그 어떤 조금의 자극에도 당신은 이미 화가 날 준비가 되어 있는 상태였는지도 모른다는 것입니다. 이것을 '화가 잠재되어 있다.'라는 표현으로 설명하기도 합니다.

당신은 일어난 감정과 상황, 아이에게 어떤 식으로든 반응하려고 할 것입니다. 이 불편한 것을 해결하려면 어떻게 해야 할지 생각하기 시작할 것입니다. 혹은 습관처럼 익숙해진 어떤 특정한 액션이 먼저 취해질 때도 있을 것입니다. 그러나 대응을 하기 전, 마지막으로 자신에게 이렇게 물어보세요.

'나에게 지금 이 순간 가장 중요한 것, 필요한 것은 무엇일까.'
'나에게 지금 부족한 것이 무엇인가.'

'물, 온전하고 여유로운 식사, 육아를 벗어난 잠깐의 완전한 휴식, 아프지 않은 몸, 우정, 사랑, 다른 사람(어른)과의 친밀한 시간, 취미, 급하게 처리해야 할 일, 잠, 샤워, 돈, 깨끗하고 정리·정돈이 잘 된 집, 나를 향한 주변 사람들로부터의 인정과 믿음, 존중과 배려…….'

‘나에게 부족한 것. 내가 지금 필요한 것. 내가 지금 원하는 것이 해결되었다고 하자. 더 이상 문제가 아니라고 한다면 그때도 나는 과연 이렇게까지 화가 날까.’

감정의 뿌리를 제대로 알게 된다는 것은 당신의 현재 부정적 관점의 근본적인 원인이 아이가 아니란 것을 알게 된다는 것을 의미합니다.

‘내가 지금 화가 나는 것은 사실 너랑은 상관이 없는 거구나.’라는 것을 깊이 알게 되면 아이에게 고함을 지르거나, 벌을 주거나, 아이를 비난하거나 책망하는 등의 실수가 줄어들고 나중엔 하지 않게 됩니다.

그리고 만약 어떤 좋은 방법이나 시원한 답이 떠오르지 않을 때는 당장은 아무 것도 하지 않는 것이 좋습니다. 한 발짝 살짝 뒤로 물러나 내 눈 앞에서 그리고 내 안에서 벌어지고 있는 상황을 내려다봅니다. 보다 현명한 선택과 성숙한 대처를 위한 마음의 준비를 할 수 있도록 조금의 시간과 공간을 스스로에게 허락해 봅니다.

3. 당신이 알고 있는 모든 내·외부 문제가 해결되었다고 가정해 보아도 아이를 향한 직접적인 분노와 화를 느낀다면, 당신의 감정을 헤아리기 전 먼저 알아야 할 것 두 번째, 바로 나의 무엇이 자극 받고 있는지를 탐색해 보는 것입니다. 아이가 보여준 어떤 행동이 당신의 어린 시절 겪었던 안 좋은 감정, 기억, 트라우마, 현재 나를 괴롭히고 신경 쓰이게 하는 걱정, 두려움, 우려, 불안정감을

자극시킨 것인지를 살펴보는 것입니다.

　사람마다 자극을 받는 요소가 그 강도가 다릅니다. 내가 화가 나는 이유를 자세히 들여다보고 파헤치다 보면 그것이 자신의 안전이나, 건강, 평판, 안정감, 행복, 즐거움 등을 해칠까 혹은 방해할까 걱정이 되기 때문이라는 것을 알 수 있습니다.

　아이가 짜증을 낼 때, 나의 내적·외적 상황이 그것을 받아줄 수 있는 상태라고 여겨짐에도 불구하고, 갑자기 과도하게 화가 난다면, 내가 심각하게 염려하거나 걱정하고 있는 것이 무엇인지에 대해 접근해 볼 필요가 있습니다. 예를 들어, 아이가 보여준 행동이 **나쁜 습관이 될까 봐**(그래서 앞으로 나를 더 고생시키고 힘들게 할까 봐), **아이가 친구를 잘 못 사귈까 봐**(그래서 내가 겪었던 학창시절의 안 좋은 기억을 아이도 경험하게 될까 봐, 아이를 지키고 보호해 주고 싶지만 내가 제대로 안내해 줄 자신이 없을 때 아이의 사회성과 사교성을 염려하게 될까 봐), **엄마끼리의 관계가 틀어질까 봐**(저 아이의 엄마는 나에게 중요한 사람인데, 이 중요한 관계가 어색해지고 어긋날까 봐), **사람들이 나를 안 좋게 볼까 봐**(나를 자격이 없는 엄마로 보거나 내가 잘못 키운 거라고 여길까 봐, 나는 나름 열심히 잘하고 그래도 괜찮은 엄마인데 이 일로 나의 노력과 성과를 인정해 주지 않을까 봐) 등 여러 이유가 있을 수 있습니다. 이는 모두 겉으로 보기엔 아이와 관련이 되어 있지만 진정으로 들여다보면 깊게 관련된 주요한 영역은 상황에 반응하는 나의 내면에 있습니다.

우리는 뜻대로 안 되는 상황 속에서 상황을 예민하게 받아들이게 될 때, 앞에 보이는 상황을 통제, 조절하고자 하는 욕구가 더욱 커집니다. 그리고 이것은 상황을 통제하지 못하는 것(아이가 내 뜻대로 따라주지 않는 것)에 대해 급격한 스트레스와 불만족을 불러일으킵니다. 아이가 마치 나를 무시하고, 존중하지 않고, 나를 화나게 만들려고 일부러 그런 행동을 하는 것 같다는 온갖 부정적인 피해의식에 순간적으로 사로잡히게 됩니다. 아이가 어려서 그 뜻을 잘 모르고 하는 말이나 충동적인 행동에도 당신은 그것을 진심으로 받아들이고 자신을 무시하고 존중해 주지 않는다고 느끼며 격한 화를 느끼기도 합니다.

그럴 땐 당신이 당신 자신을 어떻게 생각하고 바라보고 있는지 들여다보는 것이 필요합니다. 마음 깊은 곳에서, 혹시 당신은 당신 자신이 그런 말을 들을 만하다고, 인정하고 싶지는 않지만 그것을 진실이라고 여기고 있는 것은 아닌지 돌아보아야 합니다. 자기 자신에 대해 당당하고, 스스로를 존중하고, 자신의 가치를 소중히 하며 진정으로 아끼는 사람은 내면이 견고하여 주변의 말이나 평판에 크게 흔들리지 않습니다. 자신이 충분히 존중받을 자격이 있는 사람이라고 깊이 알고 있는 사람은 자신의 가치가 다른 사람의 말이나 반응에 따라 좌우될 수 없다는 것을 알고 있기 때문입니다. 그러나 자기 자신에 대한 존중과 가치에 대해 자신이 없고 의문을 품고 있는 사람은 상대가 자신의 아이일지라도 자신을 폄하하거나 자신의 노력을 인정해 주지 않는 등 부정적인 반응을 보이면 크게 자극 받고 슬퍼하거나 실망하고 노여워합니다.

이것은 상황에 즉각적으로, 무의식적으로, 자동적으로, 습관적으로 대하는 것을 멈추게 합니다. 어떠한 일이든 나라는 사람이 그것을 받아들이고 해석하는 사고의 과정에서 감정이 만들어지고 이에 반응하게 되는 것입니다. 다루기 어려운 아이의 행동이나 상황이 주는 어려움에 휘둘리지 않고 상황의 주인이 되어 과도하게 반응하지 않고 침착하게 대처하려면 '상황에 반응하는 안팎의 내 모습'의 원인을 밖에서 찾으며 그것을 비난하고 원망하기를 그만하고 '나 자신의 영역' 즉, '내가 갖고 있는 무수히 많은 잠재된 감정의 뿌리들, 내가 보는 나, 내가 아는 나'로부터 보기 시작하여야 합니다.

　4. 육아를 하며 나 자신의 감정을 관리하고 추스른다는 것은 아이에게 무조건 언제나 침착하고 편안하고 기분이 좋은 상태를 보여주어야 한다는 것이 아닙니다. 너무 과격하거나 갑작스럽거나 급격하게 변화하면서 예상할 수 없는 감정들에(아이와 당신을 보호하는 차원에서) 아이를 노출시키지 않고 적절하게 표현할 수 있는 수준으로 관리하여야 함을 말합니다. 아이가 받아들일 수 있는 범위 안에서라면 우리의 다양하고 풍부한 감정들은 솔직하게 표현될 수 있습니다.

　우리는 아이니까 웃어주고, 받아주고, 어리니까 이해해 주고 달래줍니다. 이것은 아이를 심적으로 정신적으로 안전하게 보호하고 지켜주려는 우리의 노력일 것입니다. 그러나 아이가 상대의 다양한 반응과 인간의 감정을 자연스럽게 경험하고 관계 속에서 배워야 할 부분이 있습니다. 사람은 다양한 감정을 느끼며 이것은 서로 간의 오고 가는 소통 속에서 인정되고 존중되어야 한다는 것입니다.

　당신이 아이를 위해 감정적으로나 정신적으로 과도하게 희생하는 부분이 있다면 그것은 감사하고 소중한 것이지 당연한 것이 아닙니다. 당신도 아이처럼 소중한 존재이며 스스로를 아픔과 고통으로부터 보호하고 지킬 권리이자 책임이 있습니다. 모든 상황에서 나의 감정을 일부러 숨기고, 덮고, 지나치게 억지로 침착하려고 노력하거나, 웃어넘겨 버릴 필요는 없습니다.

아픔을 비롯한 나의 감정을 억누르고 존중하지 않는 것은 아이와 나 모두를 위해 건강하지 않습니다. 나 자신은 소중하기에 나 자신을 아픔으로부터 지키고, 슬플 때 위로하고, 고통을 덜어주고, 존중하고, 배려할 수 있어야 합니다. 그리고 그 모습을 자연스럽게 아이에게도 보여 줄 수 있어야 합니다. 가족 간의 튼튼한 신뢰관계 속에서 아이가 서로의 감정을 공유하는 기회를 갖는 것은 매우 소중한 경험입니다. 아이는 감정을 표출할 수 있고 감정이 받아들여지고 인정되는 가족의 모습과 가정문화 속에서 인간관계에 대한 안정감과 믿음을 경험합니다.

* 아이에게 나의 감정을 적절한 테두리 안에서 올바르게 표현하는 구체적인 방법은 레시피26에서 소개됩니다.

5. 우리 모두는 엄마, 아빠이기 이전에 하나의 사람입니다. 우리 속에는 다양한 색의 본성과 성향, 기질, 성격이 있습니다. 육아의 어려움은 내 안에 나도 몰랐던 나 자신의 한 조각 한 조각을 드러나게 합니다. 반갑고 만족스러울 때도 있지만 어색하고 낯설고 인정하고 싶지 않은 조각들일 때가 대부분입니다. 나 자신을 용서하고 받아주는 마음으로 내가 드러낸 조각, 파편들을 있는 그대로 열린 마음으로 인정하고 마주하는 것이 건강한(회복이 빠르고 긍정의 패턴을 유지할 수 있는) 육아의 첫 번째입니다.

6. 육아의 어렵고 힘든 '그 순간'은 아이와 내가 진정 효과적으로 배우고 한 단계 성숙할 수 있는 기회입니다. 사실 화가 나는 그 순간을 기회로 삼아 스스로 성장한다는 건 말처럼 쉽지 않습니다. 이것은 육아를 하는 것 이외에 또 다른 도전이니까요. 그렇지만 여러 번의 실패에도 굴하지 않고 매일의 일상 속에서 꾸준히 시도하면 분명한 변화가 옵니다. 아이가 커가면서 나는 성숙해지는 것을 느끼게 되고 아이를 대하는 나의 모습에 자신감과 확신이 묻어 나오게 됩니다. 아이와 상황에 대해 습관처럼 무의식적으로 반응하고 내 감정에 휘둘려서 마치 어쩔 수 없었던 것처럼 원치 않는 선택을 하는 것이 아니라 나름의 현명한 방법으로 내가 바라고 의도한 선택을 하게 됩니다. 육아에서 어려움이란 당신의 '성장'과 '성숙'을 위한 삶이 주는 자극입니다.

그런데 사실 성장이라는 말 자체가 좀 부담스럽습니다. 어쩌면 내가 생각하는 좋은 부모로서 필요한 자질들을 계발하려고 굳이 노력할 필요도 없는 것 같습니다. 내 안에 그 자질들이 있음을 '제대로 그리고 분명히' 아는 것이 전부입니다. 계속 인지되고 쓰이는 내 안의 긍정적인 힘들은 나의 관심과 부름을 받고 스스로 자라기 때문입니다. 중요한 것은 실패를 두려워하지 않는 것입니다. 지금 안 되면 다음에, 오늘이 안 되면 내일이라도 해 보는 겁니다. 아이가 나를 힘들게 한다고 느끼는 순간엔 사실 내가 나 자신을 힘들게 하고 있는 것은 아닌지 생각해 봐야 합니다. 내 자신이 더 나은 선택을 할 수 있다고 믿어 주면, 주어진 상황에 대처하는 생각과 행동이 유연할 수 있는 틈이 느껴지고 아이의 행동에 과민반응 하는 일이 줄어듭니다.

7. 모든 생각과 행동엔 의도가 있다고 합니다. 뜻하고자, 이루고자 하는 바가 있고 이것은 어떤 식으로든 결과를 만들어 냅니다. 작가 게리 주카브Gary Zukav는 자신이 원하는 삶을 살기 위해선, 원하는 결과로 이끌기 위해선, 자신의 '의도를 분명히 하고 뚜렷이' 갖는 것이 좋다고 설명합니다.

육아에서도 마찬가지입니다. 우리는 아이에게 어떤 반응을 보이거나 행동을 하기 전에 잠깐 멈추고, '내가 이 행동과 말을 통해 얻고자 하는 것(결국 얻게 되는 것)이 무엇인가.'를 생각해 볼 수 있습니다. 예를 들어, 상황을 당신이 바라던 방식대로 매끄럽고 건설적으로 대처한다면 처음으로 느끼게 되는 것은 그런 선택과 행동을 한 자신에 대한 친밀감과 성숙함일 것입니다. 그리고 어려움에도 불구하고 올바른 선택과 대처를 한 당신은 육아와 삶 전반에 대한 무한한 자신감도 느끼게 될 것입니다.

그 다음에 알게 되는 것은 그러한 당신의 현명한 선택이 아이의 사회 감정 발달에도 긍정적인 영향을 준다는 것입니다. 그러나 참지 못하고 결국 지금 이 순간 말을 잘 듣게 하려고 언성을 높였다면, 그것이 지금 나의 마음에 어떤 작용을 하는지, 아이의 마음에 어떠한 파장을 일으키며 아이가 자기 자신에 대해 어떻게 느끼고 있을지, 나중에 언성을 높여도 아이가 말을 듣지 않을 때는 어떻게 할 것인지를 생각해 보아야 할 것입니다. 지금 당장은 편하고 쉬운 길이 나중엔 더 어렵고 고된 상황으로 이어질 수 있기 때문에 지금 현재 마주한 상황이 후에 더 큰 어려움으로 이어지지 않도록 보다 현명한 선택을 해야 하는 것입니다.

8. 아이에게 잘못했을 때 아이에게 진심으로 사과합니다. 잘못을 한 경우엔 바로 아이에게 미안하다고 말합니다. 미뤘다가 나중에 하거나 잠들기 전에 미안한 감정이 올라올 때 하면 아이는 혼란스러워 할 수 있습니다. 아동심리발달 전문가들은 우리의 잘못에 대해 아이에게 사과를 할 때, 어떤 이유나 근거로 부연설명을 하거나 우리의 행동을 정당화하거나 합리화하지 말고 잘못된 행동을 바로 인정하고 사과하는 것이 핵심이라고 말합니다. 예를 들어, 우리는 이렇게 말하며 사과할 수 있습니다.

갑자기 다그쳐서 미안해 지안아.
지안이 많이 놀랐겠구나.
미안해 지안아. 소리 질러서 미안해.

사과하는 당신은 당신 자신을 용서할 수 있는 기회를 주는 것입니다. 아이는 당신을 보며 공감하고 위로해 주고 용서할 수 있는 기회를 갖게 됩니다.

9. 나는 나의 삶 속에 어떤 사람이 되고 싶은가?

내가 원하는 삶은 어떤 것인가? 어떻게 살고 싶은가?

나의 아이가 나를 어떻게 보아주기를 바라는가?

나는 아이에게 어떤 부모가 되고 싶은가?

훗날 아이가 나를 어떻게 기억해 주기를 바라는가?

아이와의 관계가 어떠하길 바라는가?

이런 생각들은 아마 부모가 되기 전부터 혹은 태교를 하면서 많이 해 보셨을 겁니다. 그러나 가장 먼저 해 보아야 할 중요한 질문은 이것입니다.

나는 나와의 관계가 어떠한가?

아이와 나와의 관계는 나와 내 자신과의 관계를 보여줍니다. 아이의 모습에서 내 어린 시절, 내가 사람들에게 보여주고 싶지 않은 부분, 잊었던 기억, 잊고 싶은 기억, 추억하고 싶은 과거 등 여러 순간들을 보게 됩니다. 자기 자신과의 관계가 좋은 사람은 아이와의 관계도 좋습니다. 흔히 말하는 좋은 부모가 될 자질을 많이 표현하며 육아를 합니다. 아이를 향해 무언가 불편하고 안 좋은 기분이 일어나거나 사소한 것에 짜증이 나는 상태라면 당신은 혹시 오늘 당신 자신(깊게는 나라는 존재, 겉으로는 이러한 삶을 살고 있고 주어진 환경에 이렇게 적응하며 살고 있는 당신의 모습)에 대해 부정적이며 불쾌한 생각과 감정을 가지고 있는 것은 아닌지 살펴보아야 합니다.

　　당신은 이 세상에 하나뿐인 귀한 존재입니다. 이것을 아이와 교감을 할 때 당신 자신에게 말해 주세요. 아이에게 좋은 말들을 해 줄 때, 필요한 매너를 갖추어 안내할 때, 화를 내고 짜증을 내는 아이를 다독이며 안아줄 때, 당신 자신을 위로하듯, 당신 자신을 칭찬하듯, 당신 자신에게 마음을 열어 말해 주세요. 당신의 소중한 몸과 마음의 언어는 아이보다 이를 행하는 당신이 먼저 느끼게 됩니다. 당신이 온몸으로 전하는 따뜻함과 부드러움을 자주 느껴 주세요. 아이는 본능적으로 온몸의 감각을 통해 '당신이 당신 자신을 어떻게 대하고 있는지'를 느낍니다.

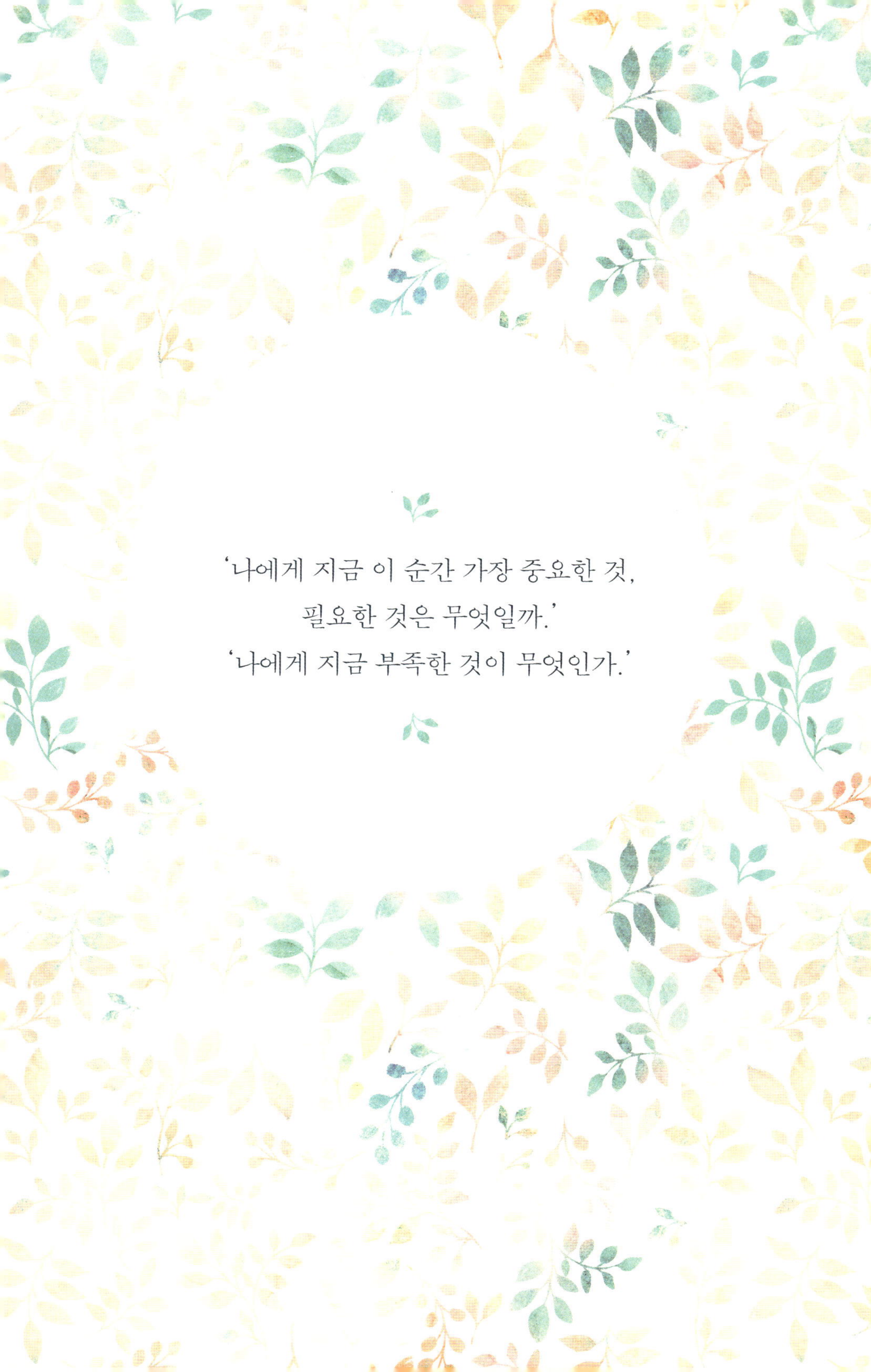

‘나에게 지금 이 순간 가장 중요한 것,
필요한 것은 무엇일까.’
‘나에게 지금 부족한 것이 무엇인가.’

아이의 감정 헤아리기

육아는 당신에게 어떤 의미가 있나요?

아이가 태어나면서 부모로서의 삶이 시작됩니다. 당신 삶의 일부여야 할 육아와 당신의 역할 중 일부여야 할 부모라는 자리가 당신의 삶의 전체가 되면 당신의 모든 에너지는 아이를 향해 몰입하게 됩니다. 이런 상황에선 마치 아이가 자신의 성장을 위해 당신의 에너지를 양분삼아 블랙홀처럼 끊임없이 당신의 시간과 힘을 빨아들이는 것 같습니다. 나라는 존재는 내 인생에서 희미해져 가고 에너지는 끊임없이 소모되며 아이를 위해 마치 나를 희생하는 것처럼 느껴지지요. 멀리 크게 보기보다는 당장의 상황과 순간적인 아이의 반응에 지나치게 휘둘리게 되고, 무엇이 서로를 위해 진실로 현명한 길인지 판단하는 것이 더욱 어려워지게 됩니다.

육아는 단순히 아이를 잘 돌보고 독립적인 존재로 성장시키고자 교육하는 것이 전부가 아닙니다. 육아의 의미와 목적을 아이를 둘러싼 테두리를 벗어나 당신 자신에게서 찾아보세요. 육아와 자녀교육이 주는 의미가 우리 자신과 삶에 더 큰 의미가 될 수 있도록 바라보고 접근하는 것입니다.

예를 들어, 아이의 감정을 다루는 다양한 접근법과 대화법을 알아야 하는 이유를 아이의 건강한 성장 발달만을 위한 것이라 생각하지 않는 것입니다. 그것이 나로 하여금 올바르고 일관성 있는 육아를 하게 도와주고 결국 이것이 나 자신의 삶 전체에 긍정적인 영향을 주기 때문이라고 확장하여 생각해 보는 것이 필요합니다.

레시피 2에서는, 메인 디시에서 구체적인 상황별로 우리가 할 수 있는 말과 대처법과 접근법을 다루기에 앞서, 기본적으로 아이의 감정에 어떻게 접근하고 무엇을 중점적으로 생각해 보면 좋을지에 대한 큰 그림을 이야기하고자 합니다. 아이의 강한 감정은 주로 과잉행동과 공격적인 행동으로 나타날 때가 많기 때문에 아이의 발달단계상 자주 볼 수 있는 '받아들이기 어려운 행동'들 중 몇 가지를 예로 들어 우리가 해볼 수 있는 표현들과 적절한 반응들에는 무엇이 있을지 소개하려고 합니다.

'내 말 듣고 있어요? 내가 보이나요?'

아이의 행동은 우리에게 자신의 상태를 알려주는 신호입니다. 아이는 당신에게 자신의 상태를 강하게 호소하고 있습니다. 아이를 휘두르고 있는, 아이의 내면에서 소용돌이치고 있는 감정이 있습니다. 아이의 과잉 행동은 그것을 보아 달라는 커다란 몸짓입니다. 특히, 아이가 해서는 안 될 행동을 '알면서도' 선택적으로 하고 있다면 당신의 도움이 그 어느 때보다 절실히 필요하다는 뜻입니다.

아이의 행동이나 말에 습관적으로 반응하기에 앞서 다음 두 가지를 기억해 주세요.

1. '나는 아이의 행동이 아니라 감정을 다루고 있다.'

2. '어린 아이들은 활동적이고, 예측할 수 없고, 충동적이고, 공격적이기도 하며, 자기중심적이고, 감정적으로 매우 연약하다.'

아이가 무의식 혹은 의식적으로 같은 행동을 선택하여 반복적으로 보여줄 경우 아이 곁에서 인내심을 갖고 지속적으로 올바른 방향으로 이끌어주는 것이 중요합니다. 한결 같은 안내와 이끌어줌이 핵심입니다. 아이의 감정을 헤아리고(이해하고), 읽어주고(감정에 숲아내어 이름을 붙여주면 아이가 점차 감정표현을 언어로 하는 데에 도움이 됩니다), 할 수 없는 것이 대신 할 수 있는 것Alternative choice에 대한 길을 제시해주고 선택을 열어 주세요. 인지 및 언어발달이 진행되고 성숙해질수록 아이의 공격적인 행동은 자연스럽게 줄어듭니다.

아이를 믿어 주세요. 아이가 잘 클 것이라는 흔들리지 않는 믿음은 육아를 하는 우리의 마음을 편안하게 해주고, 아이는 그 믿음 위에서 편안하게 자라게 됩니다.

아래 소개되는 9가지 이야기는 우리가 아이의 감정을 다루면서 구체적으로 어떤 말을 할 수 있고 상황을 어떻게 접근하면 좋을지 안내해 줍니다.

1. 물건을 던질 때

책은 던지는 거 아니야. 공은 던질 수 있어. 공 지금 던져 볼까?

지안이가 엄마한테 많이 화가 났다는 거 보여주고 싶구나.

응, 그래. 그렇구나(그렇지만 But 생략).

지안아, 장난감 블록은 던지면 안 돼.

뭔가 던지고 싶을 때 고무공은 괜찮아. 벽에 대고 공 던져 볼까?

지안이 블록 던졌어? 많이 화났구나.

화가 나면 엄마가 위로해 줄 수 있어(그런데 But 생략).

'그리고', 지안아, 블록은 던지면 안 돼.

누가 맞으면 다칠 수도 있어.

('But, 하지만, 그렇지만, 근데, 그래도'라는 말이 들어가면 아이가 반감을 갖게 되거나 자신의 감정이 받아들여지지 않는다고 오해할 수 있다고 합니다. But이 생략된 문장 속에 'And'의 개념이 들어가면 상대가 열린 마음으로 받아들일 수 있는 표현이 된다고 합니다.)

지안아, 책을 던지는 건 안 돼.

지안이 화가 많이 난 거 엄마가 알아. 도와줄게.

다른 방법을 찾아보자. 화가 났을 땐 어떻게 하면 좋을까?

지안이 화 얼마만큼 났는지 여기 종이 위에 크레용으로 한 번 그려 보자.

화가 날 수는 있어. 화가 나는 건 괜찮아.

책은 던지는 거 아니야. 엄마가 도와줄게. 무엇 때문에 화가
났어?

('왜' 그런 기분을 느끼는지 묻지 않고 '무엇이' 그런 기분을 느끼게
하는지 물어보면 어린 아이들의 경우 대답하기가 조금 더 쉬워집니다.
'왜' 짜증이 나냐고 물으면 아이의 이해력이 커지면서 답을 찾으려 노력
하지만 언어발달과 이해력이 뒷받침되기 전까지 대부분은 모른다고 하
거나 쉽게 대답하지 못합니다. 실제로 그것이 '왜' 자기 기분을 상하게
했는지 모르기 때문입니다. 그런데 '무엇 때문에'라는 말로 시작하여 물
으면 아이는 머릿속에서 나의 기분을 이렇게 만든 '그 무엇(장난감, 누군
가의 행동이나 말)'을 말할 수 있고 우리는 아이를 도와줄 수 있는 적절한
방법과 방향에 대한 힌트를 얻을 수 있습니다.)

책은 던지는 거 아니야.

엄마한테 와 봐, 지안아. 엄마가 위로해 줄게.

(아이가 격한 감정으로 힘들어할 때, 우선 진정시켜야 합니다. 이럴
땐 엄마 아빠가 적극적으로 아이의 마음을 받아주는 모습이 필요합니
다. 아이의 감정을 읽어주는 절차를 짧게라도 거친 후 행동 교정으로
넘어가도록 합니다. 아이가 오는 것을 기다리지 않고 아이에게 먼저 다
가가 안아 주면서 말합니다.)

Tips

1. 물건을 던지는 이유는 최근 마음대로 하지 못하는 것이 많아서 마음이 답답하거나 많이 심심하거나 에너지가 넘치거나 혹은 감당이 안 되는 복잡한 감정을 분출하고 싶기 때문입니다. 이럴 때 행동을 제약하고 못하게 하면 아이는 더욱 스트레스를 받고 상황은 점점 어려워집니다. 던지는 행동 자체를 제재하지 않고 던질 수 있는 것과 없는 것을 구분하여 무엇을 던질 수 있는지 안내해 줍니다. 무언가 던지고 싶은 마음을 받아주고 이에 응답해 주는 것입니다.

2. 감정을 다룰 때 가장 중요한 것은 '감정을 느끼는 것' 자체를 부정하지 않는 것입니다. 우리가 하는 가장 흔한 실수는 아이가 느껴야 할 감정까지 컨트롤하려고 하는 것입니다. 우리는 종종 아이에게 '왜 별것도 아닌 것으로 화를 내느냐.', '이런 걸로 화내지 마라.'라는 말을 합니다. 그러나 우리는 아이에게 어떨 때 무엇을 느끼고, 느끼지 말아야 한다를 말할 수 없습니다. 아이 감정의 주인은 우리가 아닌 아이 자신이기 때문입니다. 감정 주인 즉, 감정에 대한 책임과 권리는 아이가 온전히 갖고 있는 것입니다.

그런데 우리는 때때로 의문이 듭니다. 아이의 감정을 받아 주다 보면 아이가 너무 예민해지는 것 같기도 하고, 별거 아닌 일에 툭 하면 슬퍼하거나 화를 내기도 해서 받아주는 것이 조금씩 지쳐가기 때문입니다. 그러나 아이가 커갈수록 자신의 감정을 경험하고 헤아리는 것이 익숙해지고 연습이 충분히 되면서 행동은 점점 성숙해지고 오히려 자신을 이해하고 다른 사람을 이해하는 데에 자신의 경험과 감정을 사용하게 되면서 아이의 공감능력이 자라게 됩니다. 어린 아이의 단순하고 폭발적이었던 감정은 자라면서 점차 세분화 되고 깊어집니다. 몸이 커질수록 마음도 함께 성장하는 아이는 자신의 읽히지 않는 감정에 혼란스러워하기보다 낯선 감정에도 '너는 잘 모르겠다. 너는 누구니?'라는 친숙한 마음으로 들여다볼 수 있습니다.

사람마다 화가 나는 상황과 이를 격하게 표출하고픈 계기나 자극점이 다릅니다. 우리가 기억해야 할 것은 감정을 느낀다는 것은 너무나 자연스러운 일이고 이미 일어나고 있는(일어나 버린) 상황이라는 것입니다. 우리가 여기서 해야 할 일은 '그래. 우리 아이가 그렇게 느끼는구나.'라고 감정은 인정해 주고 무엇이 잘못된 행동인지를 알려주고 바르게 안내해 주는 것입니다. 그리고 그 감정에 지나치게 오래 머무르지 않고 내면이 정리되고 환기될 수 있도록, 건강하게 표현될 수 있도록 살짝 거들어 주는 것입니다. 안 되는 것, 잘못된 행동 대신에 아이가 할 수 있는 것은 무엇인지, 무엇이 적절한 행동인지 알려 주는 것에 집중하고, 필요하다면 직접 시연하여 보여 줍니다. '아이가 내면화하여 스스로 보여줄 수 있을 때까지' 함께 꾸준히 일상 속에서 연습합니다.

아이의 감정을 다루는 데에는 완성된 작품도 없고 마지막 정거장도 없습니다. 많은 인내심과 노력이 필요합니다. 건강한 방법으로 안내를 지속하다 보면, '이 정도면 충분히 잘 배웠겠지, 알아들었겠지.'라고 생각이 들 때도 있을 것입니다. 그러나 분명한 변화는 우리가 아닌 '아이가 준비되었을 때' 일어납니다. 그리고 이러한 아이의 '마음의 준비'라는 것은, 겉으로 보이는 발달단계상으로도, 나이로도, 몸의 크기로 잴 수 있는 것이 아닙니다(어쩌면 우리는, 우리가 흔히 '때가 되었다'라고 말하는 것으로 우리의 아이를 너무 힘들게 하고 있는 것은 아닌지, 한 번쯤 고민해 보아야 합니다).

아무리 격한 감정이라도 보다 적절하고 건강한 방법으로 표현하고 표출될 수 있습니다. 우린 행동의 조절을 통해 감정을 관리하고 마음이 추스를 수 있습니다. 덩어리진 것이 풀어지며 답답한 것이 해소될 수 있다는 것을 조금씩 천천히 아이가 경험할 수 있는 환경을 세팅해 주는 것이 우리의 역할입니다. 그리고 '감정을 관리한다.'는 것은 자기 자신을 어떻게 표현하느냐, 즉 자기 자신과 어떻게 소통하고 있으며 나아가 다른 사람, 넓은 세상과 어떻게 소통하느냐의 바탕이 됩니다.

사람은 자기 자신을 표현하고 싶어 합니다. 그리고 다른 사람이 자신을 보아주고 자신의 목소리를 들어주길 바랍니다. 아이가 어려서부터 자기 자신의 감정과 기분을 헤아리고 이것이 받아들여지는 가족 분위기 속에서 커갈 수 있도록 건강하고 건설적인 감정표

현 방법을 찾아서 '함께' 연습해 보세요. 나아가, 아이가 보다 창조
적인 자기만의 방식으로 감정을 다루고 이를 다각도로 표현하면서
세상과 소통할 수 있도록 옆에서 도와주는 것이 우리의 역할이 될
것입니다.

2. 짜증을 낼 때

지안아, 엄마한테 말해 봐. 지금 기분이 어떤데?
엄마가 어떻게 도와줄 수 있을까?

엄마가 도와줄게. 뭐가 지안이를 기분 상하게 했어?
지안이 뭐 때문에 기분이 안 좋아?

지안아, 기분이 안 좋구나. 심심해? 피곤해?
기분이 어떤지 말해 줘.
그래야 엄마가 지안이를 제대로 도와줄 수 있어.

지안아, 엄마가 도와줄게.
'엄마, 나 짜증이 나요.', '엄마, 나 심심해.', '엄마, 나 그거 싫
어.' 이렇게 말로 해 주면 엄마가 지안이를 제대로 잘 도와줄
수 있어.
(어떤 말이 자신의 기분, 느낌, 감정을 표현할 수 있을지 도와줍니

다. 격한 몸부림이나 징징대거나 떼를 쓰는 것보다는 말로 했을 때 상대가 자신의 마음을 더 잘 알아줄 수 있고 더 잘 도와줄 수 있다는 것을 알려줍니다. 언어의 발달과 함께 천천히 그리고 꾸준히 말로 자신을 표현할 수 있는 기회를 많이 주도록 합니다.)

지안아, 엄마한테 말해 봐. 무슨 일이야?

지안이 서운한가 보다. 실망했구나.

지안이 섭섭해? 여기 종이에다가 지안이 마음 한 번 그려 보자.

지안이 짜증이 나나 보네. 엄마가 뭐 도와줄까?

지안이 기분이 안 좋구나. 무엇을 하면 좋을까?

어떻게 하면 기분이 좀 나아질까?

지안아, 목소리가 너무 크다. 밖에서는 괜찮아.

여긴 도서관이니까 작은 목소리로 말하자.

(특정한 행동에는 거기에 맞는 적절한 때와 장소가 있음을 알려줍니다.)

Tips

1. 때론 아무 말 없이 조용히 다가가 안아줍니다. 물건을 파괴하거나 다른 사람을 해치는 경우가 아닐 땐, 아이가 짜증을 내는 것을 조금 너그럽게 조용히 바라봐 주는 것도 필요합니다. 아이가

짜증을 피우다가 스스로 멈추고 차분해지는 경우self-soothing가 많
습니다.

2. 감정을 인정하고 헤아려 준 후(그 감정에 갇혀 있기보다는) 함께
해소/표현할 수 있는 출구와 그 매개체를 찾아보도록 합니다. 자
신의 감정과 내면을 표현하고 스스로를 환기시키는 방법에는 여
러 가지가 있고 이를 도와주는 매개체 또한 여러 가지가 있습니다.
말, 글, 춤, 노래, 그리기, 책, 색칠하기, 만들기, 실로폰, 드럼, 피
아노 건반, 그 외 예술적인 도구나 스포츠(달리기, 균형 잡기, 점프하기,
공차기) 등 다양합니다. 우리의 역할은 아이가 자신의 감정이나 상
태가 어떤지 파악하고(슬픈지, 화가 나는지, 심심한지 등) 그것을 어떻게
표현하면 좋을지 매일의 삶 그리고 성장 과정 속에서 아이와 함께
연습하고 적용해 보는 것입니다. 아이가 커가면서 스스로 자신의
감정을 탐험하고 자신이 원하는 출구를 탐색해 볼 수 있도록 어린
시절부터 힘과 용기를 북돋아주는 것입니다.

3. 다른 사람을 해칠 때(꼬집기/밀기/때리기)

그만! 사람을 때리는 건 안 돼. 지안이 화난 거 알아.
화가 많이 났구나. 무슨 일이니?

지안아, 지안이 흥분했구나.
사람을 미는 건 안 돼. 밀면 넘어져서 다칠 수 있어.

재밌게 놀려고 그런 거 알아. 그 마음은 이해해.

친구가 넘어져서 아파하고 있어. 미안하다고 하자.

민 거는 잘못한 거니까 사과하자.

(아이의 거친 행동은 화, 분노, 못마땅함, 불만족 등이 원인이기도 하지만 너무 흥분하거나 즐거울 때 우발적, 충동적으로 나오기도 합니다.)

지안이 기분이 안 좋은 거 알아.

엄마가 지안이 기분은 위로해 주고 받아줄 수 있어.

때린 건 잘못한 거니까 미안하다고 하자.

엄마랑 같이 가서 친구한테 사과하자.

(상황을 올바르게 마무리하는 과정에 동참하여 줍니다. 어색하고 부끄럽거나 내키지 않아서 하기 싫은 마음이 있을 수 있음을 이해해 주면서도 잘못한 부분에 대해서는 인정하고 사과하는 경험을 하는 것이 필요합니다.)

엄마가 지안이한테 화내는 거 아니야.

다신 그러지 말라고 아주 단호하게 가르쳐주고 있는 거야.

사람 때리는 건(다른 사람을 아프게 하는 건) 하면 안 되는 거야.

(단호하게) 사람을 때리는 건 하면 안 돼.

엄마가 지금 지안이한테 아주 중요한 말 하고 있는 거야.

지안이가 지금 잘 듣고 배워야 되는 거야.

(순간적으로 아이가 우리의 단호한 모습을 보고 우리가 주려는 주요한 메시지에 집중하지 못할 때가 있습니다. 그럴 땐, 아이에게 잘 들으라고 강요하거나 듣는 태도가 잘못되었다고 나무라는 것이 아니라 정확하고 분명한 표현으로 진지한 내 태도의 '의도'를 밝히도록 합니다.)

다른 사람을 다치게 하면 안 돼.
그것은 해서는 안 되는 나쁜 행동이야.
지안이 기분 알아. 나라도 그런 기분 느꼈을 거야.
화가 날 때는_(기분이 안 좋을 때는) 하지 말라고, 화가 난다고 말을 해.
(잘못된 행동을 한 아이를 비난하거나 '나쁜 아이', '못된 사람'이라고 이름 붙이지 않습니다. 부적절하고 올바르지 못한 것은 사람이 아닌 그 사람의 '잘못된 행동'에 있습니다.)

지안이 기분 안 좋은 거 알아.
엄마가 지안이 기분은 받아주고 위로해 줄 수 있어.
지안아, 기분이 안 좋은 건 받아줄 수 있지만 친구를 꼬집는 행동은 받아줄 수 없어.
그건 잘못된 행동이야. 친구가 울고 있어.
가서 꼬집어서 미안하다고 하고 티슈로 닦아 주자.
(상대를 위로할 수 있는 방법을 알려주고 함께 동참해 줍니다.)

지안아, 그만.
지안이 발이 자꾸 엄마 다리를 치고 있어. 아파_(불편해).

(아이 자신의 어떤 행동이 상대방을 불편하게 하고 있는지 구체적으로 말해 줍니다.)

지안아, 그만. 때리면 아파.

엄마는 지안이 정말 사랑하고 좋아하지만 지안이가 계속 엄마를 때리게 놔둘 순 없어.

(아이가 장난으로 툭툭 치거나 건드릴 때 이것이 당신을 아프게 하고 있다면 웃으면서 그만하라고 말하거나 참다가 갑자기 화를 내면서 다 그치지 말고 당신이 스스로를 보호하고 자신의 몸을 지키는 모습을 당당하고 자연스러운 태도로 보여줍니다.)

4. 아이의 감정을 다루는 세 가지 단계

어린 시절부터 자신의 복잡하고 혼란스러운 감정을 인지하고, 마주하고, 적절하게 다루는 것을 경험하고 연습하면 아이는 다양한 감정을 자연스럽게 받아들이게 됩니다. 아이의 감정을 다루는 데는 세 가지 단계가 있습니다.

1) 보이는 상황 묘사하기

예) 지안이 블록을 던져서 망가뜨렸어?

2) 아이의 기분/감정 헤아리기 – 인정하고 받아주기

예) 계속 해 봤는데도 잘 안 되면 짜증이 날 수도 있지/
화가 나는구나/답답하구나.

3) 해결책, 문제를 다루는 적절한 방법, 접근법 찾 기

예) 그럴 땐 엄마한테 와서 도와 달라고 하면 돼.
지안아, 엄마가 도와줄게. 어떻게 도와줄까? 같이 해
보자.
블록을 어떻게 맞추고 싶었어?
지금은 블록 싫으면 그럼 다른 거 해 보자. 뭐가 좋을
까?
색칠해 볼까? 공 던져 볼까? 드럼 쳐 볼까?
창문 열고 밖에 좀 보자.
이리와. 엄마랑 누워서 얘기해 보자.
(자세와 장소(공기)를 바꾸거나 창문을 열어 분위기를 전
환(환기)시켜 주면 내면도 함께 연결되어 환기되는 효과
를 볼 수 있습니다.)

옳지 않은 행동은 바로 잡아 줍니다. 그리고 아이의 감정이 받아
들여지고 있다는 것을 느끼게 해 주면 아이는 자신의 행동의 옳고
그름과 상관없이 당신만은 늘 옆에서 자신의 감정을 알아주고 도

와준다는 믿음과 확신을 가질 수 있습니다. 이러한 어린 시절의 긍
정적인 신뢰관계는 아이의 사회감정 및 사회성, 대인관계 발달에
큰 영향을 미칩니다.

5. 기억해야 할 것

침착하게 아이를 올바른 방법으로 안내해 주어도 생각처럼 아이
나 상황이 잘 따라와 주지 않을 때가 많이 있습니다. 상황이 수습
되지 않고 아이가 뜻대로 따라와 주지 않거나, 많은 노력과 인내심
을 발휘했는데도 의미 있는 변화가 보이지 않을 때도 있습니다.

이럴 때 기억해야 할 것은
주어진 상황에서 우리가 해야 할 일을 찾아서 했다면
그것으로 충분하다는 것입니다.

당신의 영역 안에서 해야 할 일을 했다면 그 다음은 아이가 자신
의 영역 안에서 해야 할 일들을 하는 순서가 됩니다. 스스로 성장하
고 배움을 받아들이고 개척해 나갈 수 있다고 믿고 나머지는 아이
에게 맡겨 주어야 합니다. 우리의 꾸준하고 한결같은 안내는 아이
가 자신이 이해하는 방식으로 상황을 받아들이고 스스로 할 수 있

다고 준비되기를 기다리는 과정 속에 있는 작은 일부일 뿐입니다.

사실은 아이에게 모든 열쇠가 쥐여져 있습니다. 강한 압박과 다 그침은 당장 필요한 문을 열 순 있겠지만 금이 가고 부서지고 상처를 남길 수 있습니다. 서로가 다치지 않고 건강하게 생활하려면 어떻게 해야 할까요. 우리의 가르침이 훌륭하고 이 정도면 인내심이 충분하지 않느냐고 묻고 싶을 때, '아이가 나의 안내를 자신의 영역 안에 내재화하여 스스로 그 역량을 발휘할 수 있을 때까지 나는 과연 얼마나 잘 기다려주고 있는 것일까.'를 스스로 되새기고 되물어야 합니다.

마음처럼 잘 안 된다고 우리 자신을 탓하거나 죄책감을 갖거나, 지나치게 스트레스를 받거나, 걱정을 하거나, 불안해할 필요가 없습니다. 경험, 배움, 학습에 대한 변화와 성장은 그 진행속도와 과정에 있어서 아이마다 때와 시기가 다르며 이것은 우리의 손에 있는 것이 아닙니다. 갓난아이라도 아이가 자신의 영역에서 스스로 해내야 하는 일들이 있습니다. 아이가 당신이 안내한 대로 잘 따라와 주었다면 그것은 아이가 준비되었기 때문입니다. 당신이 당신의 영역에서 해야 할 일, 할 수 있는 일을 했다면 그 다음 단계는 아이를 믿고 맡겨 주시는 것입니다.

6. 아이가 받아들이기 어려운 행동이나 과한 행동을 할 때는 이러한 행동표출을 직접적으로 자극시킨 요인을 여러 방면으로 탐색

해 보면 아이의 문제를 해결해 주는 데 실마리를 찾을 수 있습니다. 아이가 강한 자극을 받는 때는 주로 다음과 같습니다.

1) 호기심을 바탕으로 모험, 탐험, 실험, 놀이를 하면서 자신의 행동이 가져올 다음 단계가 궁금하거나 어른들의 반응이 궁금할 때

2) 허용 범위 테두리 확인 – 자신이 행동할 수 있는 허용될 수 있는 범위가 어디까지인지 그리고 그것이 확고부동한지 아니면 타협 가능한지 알고자 할 때

3) 의도치 않은 잘못 – 그 행동이 잘못된 것인지 그리고 어떤 결과를 가져올지 정말 모를 때

4) 순수한 실수 – 잘하려고 했는데 아직 신체 즉 인지감각의 균형과 조화, 소근육 발달 등이 미숙할 때

5) 언어발달이 미숙하여 말보다 행동이 먼저 앞설 때

6) 습관적 선택 – 안 된다는 것을 알면서도 습관적으로 자신이 편하고, 쉽고, 익숙한 방법으로 문제를 해결하고자 할 때

7) 피곤할 때

8) 졸릴 때

9) 아이 자신은 정확히 모르지만 무언가 불쾌하게 하거나 성가시거나 불편한 것이 있을 때(냄새, 옷, 공기, 소리, 빛, 옷, 얼굴을 간지럽히거나 시야를 가리는 머리가 신경 쓰일 때 등)

10) 사람들로부터 과도한 집중을 받거나 반대로 관심과 애정을 원할 때

11) 몸의 어딘가가 아프거나 불편한 상태일 때

12) 주변 상황이 어색하거나 낯설 때(낯선 사람, 친숙하지 않은 환경 등)

13) 긴장이 되거나 불안할 때

14) 지루하고 심심할 때

15) 더러운 것이 묻어서 그것이 신경 쓰일 때

16) 극도로 흥분이 될 때

17) 주어진 상황에서 어떻게 행동하고 반응해야 할지 모를 때

18) 놀이나 활동 중 문제나 어려움이 생겼을 때

19) 겁이 나거나 자신이 해를 입을 것 같을 때. 자기 자신 혹은 자신에게 중요한 것을 보호하고 방어하고 싶을 때

20) 친구, 이웃, 부모, 선생님 등 주변 사람들과의 관계에서 스트레스를 받았을 때 – 거절을 당하거나 예상했던 혹은 원하는 반응을 얻지 못할 때

21) 내면에서 자신이 알 수 없는 강한 감정을 느낄 때 – 두려움, 창피함, 혼란, 무서움, 불안함, 슬픔, 분노, 화 등 자신이 무어라 말로 할 수 없는 강한 감정이 일어나는데 그 느낌이 당황스럽고 무엇인지 모르겠고 자신의 감정을 이해 받지 못하고, 주변에 알아주는 사람이 없을 때

22) 혈당수치가 '급격히' 올라갔거나 떨어졌을 때(설탕 자체가 아이의 과잉행동을 유발하는 것은 아닙니다. 많은 간식, 외식 등으로 '짧은 시간 동안 다량'의 설탕이 섭취되었을 경우 아이들은 흥분하거나, 집중을 잘 하지 못하거나, 과잉활동을 보일 수 있습니다.)

7. 아이가 자신의 강한 감정을 건강하게 풀어낼 수 있도록 어떻게 도와줄 수 있을까요

1) 아이의 감정을 헤아려주고 말로 표현할 수 있게 도와줍니다.

지안이 무슨 일이야? 지안아, 지안이 뭐 걱정되는 거 있어?
(아이 자신의 장난감이나 놀이방식에 위협을 느끼거나 망가질까 걱정이 되면 아이는 자신의 것을 지키기 위해 화를 내기도 합니다.)

지안이 무슨 일이야? 신경 쓰이는 거 있어?
(무엇인가가 자신을 불편하게 하거나 신경 쓰이는 게 있으면 아이는 비협조적이거나, 거부를 하거나, 반항을 하거나, 언짢아하고 불쾌해합니다.)

그래… 그렇구나. 지안이가 그렇게 느꼈구나.
(아이의 감정을 인정하고 받아주는 것만으로도 많은 경우 아이는 위로받으면서 기분이 풀어집니다.)

그래. 그러니까 지안이가 하고 싶은 말은…
지안이가 억울하다는 거구나.

(아이의 감정을 받아주면서 감정에 이름을 붙여주면 아이가 복잡하고 불분명한 자신의 감정을 헤아리고 파악하고 단어를 찾아 표현하고 설명하는 데 도움이 됩니다.)

지안아, 가슴이 답답해? 심장이 콩닥콩닥 뛰어?

(감정에 따라 올 수 있는 신체의 변화를 말로 설명해 줍니다. 아이가 자신의 느낌이나 감정을 몸의 변화로도 인지할 수 있음을 알게 도와줍니다.)

아~ 지안이가 엄마가 지안이 말을 못 들었을까 봐

(걱정돼서) 그러는구나. 아냐, 들었어.

그러니까 지안이는… 이렇다는 거지?

(아이가 자신의 말을 들어 달라고 반복적으로 같은 말을 계속 할 땐, 아이의 마음이 조급하고 답답해지며 이를 지켜보는 당신의 마음도 그러해지기 쉽습니다. 아이의 요구나 질문에 바로 대답을 하기 전, 아이의 이런 심정을 헤아려주는 말을 잠깐 해 주면, 서로가 조금 느슨하고 부드럽게 상황을 이끌 수 있습니다.)

으응~ 지안이가 원하는 게 그거구나.

응, 알았어. 엄마가 생각해 볼게.

(약속을 당장 해 주기 힘든 경우엔 생각해 본다고 말하고 고려해 보겠다는 모습을 보여줍니다. 아이가 존중 받는 느낌을 받고 당신도 시간적인 여유를 가질 수 있습니다.)

지안아, 다음에 누가 장난감 뺏어 가면
'이번엔 내 차례야. 내가 끝나면 네 차례야. 기다려.'라고 말해.
(일이 생길 때마다 항상 나서서 아이를 대변해 줄 수는 없습니다. 아이가 커가면서 어느 정도의 의견 충돌이나 다툼은 스스로 다룰 수 있게 하고 자신을 변호할 수 있는 법을 가르쳐 줍니다.)

2) 감정 다스리는 방법을 롤 모델링Role modelling을 통해 직접 보여줍니다.

가장 강력하고 효과적인 방법은 우리의 행동과 말로 아이에게 직접 보여주는 것입니다. 아이와 함께 있을 때 틈틈이, 일상 속에서, 당신은 당신의 강하게 밀려오는 감정들을 어떻게 표현하고 풀어내는지 직접 시연하듯 아이에게 들려주고 보여주세요.

지안아. 엄마 지금 화가 많이 났어. 좀 진정해야 할 것 같아.
그래서 지금 창문 밖을 보고 있어.
그럼 좀 마음이 차분해질 것 같아.
아~ 심심하네.

뭘 하면 재밌을까? 책을 좀 볼까? 블록을 쌓아 볼까?

엄마 지금 그림 그려. 그림 그리니 기분이 좀 괜찮아진다.

엄마가 지금 기분이 좋지 않아. 좀 누워있을게.

잠깐 누워있으면 좀 나아질 거야.

* 사회심리학자 에이미 커디Amy Cuddy는 자신이 취하고 있는 동작이 호르몬 수치에 영향을 주어 실제로 느끼는 감정에 변화를 준다는 것을 실험을 통해 보여주었습니다. 그녀가 연구한 것은 자신감을 갖는 포즈에 대한 것이었지만, 우린 이미 우리의 취하고 있는 자세(눕기, 앉기, 서기, 걷기, 팔 동작, 손의 위치 등)에 따라 뜻하지 않게 기분과 감정, 마음 상태가 변한다는 것을 경험을 통해 알고 있습니다. 화가 나거나 기분이 좋지 않을 땐, 편안하고 기분 좋은 자세를 찾아 의식적으로 취해보는 것이 실제로 많은 도움이 됩니다.

조금씩 짜증이 나려고 하네.

문 좀 열고 시원한 공기 마시면 좀 나아질 거야.

음악을 틀면 좋아질 것 같아.

차 한 잔 마셔야겠어.

많이 참았는데. 이거 정말 화가 나는 일이야.

가슴이 두근거려(답답해). 찬물 좀 마셔야겠어.

엄마가 지금 기운이 없어. 좀 누워서 쉬어야 할 것 같아.

그래야 지안이한테 책 읽어줄 기운이 생길 것 같아.

3) 놀이 활동에 초대합니다.

잉여에너지를 건강하게 분출하면서 몸에 대한 자신감을 갖게 해 줄 수 있는 아이의 성향과 기호를 고려한 놀이 활동에 초대합니다. 이는 자신과 주변에 대한 긍정적인 마음을 키울 수 있게 해 줍니다.

예) 아트: 그림, 색칠, 놀이반죽, 악기(흔들고 두드릴 수 있는 드럼, 실로폰, 피아노 등), 낙서, 오래된 신문 찢기

스포츠: 공놀이, 달리기, 점프, 장애물코스, 사다리 오르기, 자전거 등

4) 아이가 자신이 화가 났다는 것을 보여주고 싶을 때 물건을 던지거나, 때리거나, 소리 지르는 부적절한 행동 대신 허용되고 받아들일 수 있는 동작을 하도록 유도해 줍니다. 예를 들어, 아이는 다음과 같은 동작들을 보이며 '지안이 화났어!' '지안이 기분 나빠.', '지안이 실망했어.', '지안이 서운해.'라고 말할 수 있습니다.

예) 허리에 손 올리기, 앞으로 팔짱을 끼기, 한 발로 바닥을 쿵 밟기

8. 사소하고 자잘한 잘못된 행동을 일일이 지적하면 오히려 원치 않는 특정 행동을 강화시킬 수 있습니다

때로는 아이의 실수나 잘못을 못 본 척 넘어가거나 짧게 한마디로 언급만 하도록 합니다. 대신 좋고 올바른 행동을 했을 때 알아봐주고 더욱 집중하여 관심을 보여 줍니다. 아이의 잘못된 행동보다는 잘한 행동을 포착해 주고, 기억해 주고, 언급해 주고, 칭찬해

주면 아이는 올바른 행동을 더욱 많이 하려고 합니다. 지적이나 잔
소리를 많이 하면 잘못된 행동이 줄어들지 않고 오히려 많아집니
다. 게다가 육아 생활은 아이의 잘못된 행동, 하지 말아야 할 행동
만 고치고자 하는 것으로 그 방향이 기울게 됩니다. 이것은 아이와
당신을 모두 부정적인 관점과 표현으로 이끌고 결국 육아 문제와
스트레스는 더욱 커집니다.

우리는 어쩌면 특별하고 멋진, 기억될 만한 사건을 통해서 아이
의 자존감과 자신감이 굵고 크게 한 마디씩 성장하기를 기대하고
있는지 모릅니다. 그러나 아이는 매 순간에 집중하며 아이에겐 매
일이 특별합니다. 아이 자신의 역량과 잠재력에 대해 건강하고 긍
정적인 이미지를 가질 수 있도록 평범한 일상 자체가 그것이 자라
날 수 있는 환경이 되어야 합니다.

아이가 할 수 있고 잘(제대로 혹은 올바르게) 한 일.
노력하고 있는 부분에 대해 더 많은 표현과 관심을 보여 주세요.

이는 육아 생활을 건강하고 긍정적인 방향으로 이끌어 줍니다.
우리는 아이가 끊임없이 반복되는 잘못, 실패, 실수를 통해 배우
고 성장한다는 것을 늘 기억해야 합니다.

9. 기분과 감정이라는 것은 왔다가 사라지는 일시적인 것입니다

이것을 어린 시절부터 자연스럽게 알게 하면 좋습니다. '우리 애는 원래 좀 이래요. 부끄럼을 많이 타요.'보다는 '지금 지안이가 부끄러운가 봐요.'라고 일시적인 감정 상태를 설명해 줍니다. 그러면 아이가 '난 원래 부끄러워하는 아이야.'를 인지하는 것이 아니라 '나의 지금 이런 기분을 부끄럽다고 말하는 거구나.'라고 자연스럽게 알게 됩니다. 작은 표현의 차이지만, 어려서부터 아이가 자기 자신을 단어 속에 한정시키지 않고 자신의 일시적인 감정 상태를 구분하고 이를 적절하게 표현할 수 있게 도와주는 것입니다.

10. 아이마다 발달속도에는 차이가 있으며 모두 자신만의 속도로 성장합니다

통계적·일반적으로 아이에게 기대할 수 있고 예상되는 모습이 있을 것입니다. 이것은 아이를 정상과 비정상으로 판단하는 기준이 아닌, 아이를 제대로 적절한 시기에 잘 도와주고자 하는 데에 참고적으로 쓰는 것이 좋습니다.

예를 들어, 일반적으로 알고 있는 것보다 아이가 보여주는 것이 3-6개월 정도 느리다면, 우리는 이때부터 어떻게 하면 아이에게 특화된, 적절하면서도 강한 도움과 자극을 줄 수 있을까를 적극적으로 생각해보고 노력해 볼 수 있을 것입니다. 가장 중요한 것은, 아이마다 발달단계에는 조금씩 차이가 있고 그 속도 또한 아이마다 다르다는 것입니다. 지켜보는 부모는 조바심이 날 수도 있고, 걱정이 될 수도 있습니다.

허나 분명한 것은 아이는 자신만의 속도와 방식대로 큰다는 것입니다. 두 살 때 걷는 아이도 있고 세 살이 되어서 한꺼번에 말문이 트이는 아이도 있습니다. 남들이 말하는 흔히 때가 되었기 때문에 혹은 나름 열심히 노력해서 인내심을 갖고 가르쳐주었기 때문에 곧 따라와 주겠지 바라고 기대를 하다가 예상대로 안 되면 결국 아이와 부모가 모두 스트레스를 받고 서로가 힘들어집니다.

배워야 할 것을 내재화하고 의미 있는 변화와 발달을 아이가 밖으로 표현하기까지는 시간이 걸리고 필요한 시간은 아이마다 다릅니다. 아이를 믿고 존중한다는 것은 아이를 인격적으로 대한다는 의미만 있는 것이 아닙니다. 아이 자신만의 속도와 자기만의 방식대로 커가는 과정을 존중하고 아이만의 잠재력과 가능성을 믿어준다는 뜻이 포함되어 있습니다.

'내 말 듣고 있어요? 내가 보이나요?'

상황을 긍정적으로 보는
연습을 위한 기술

육아 문제와 고민은 아이에게 정말 문제가 있는 경우보다 나 자신이 스스로 만들어내는 경우가 많습니다. 왜 내 아이는 이러지, 왜 아직 이걸 못 하지, 왜 저런 행동을 하지, 저러다 계속 못하면 어쩌지, 습관이 되면 어쩌지⋯⋯. 우린 계속해서 걱정을 만들어내고 멈추지 않고 고민을 합니다. 그런데 이것을 멈추는 방법은 의외로 매우 간단하고 쉬운 곳에 있습니다. 바로 아이를 긍정적으로 보아주는 것입니다.

아이가 보여주는 세세하고 사소한 액션과 발달단계에 집착하거나
집중하지 말고 아이가 잘 크고 있다는 믿음을 바탕으로
긍정적인 마음을 갖고 아이를 대해 주어야 합니다.

우리가 불안해하고 걱정하는 눈빛을 보이면 아이는 우리의 웃음
속에서도 아이는 무언가 불편함을 감지합니다. 우리가 두려움을
극복하고 훌훌 털어버렸을지라도 아이는 그 불편했던 감정을 마음
속 깊은 곳에 지니고 있게 됩니다. 조금 더 맑고 순수하게 아이의
성장을 지켜보아 주세요.

이제 그만 걱정과 고민을 멈추세요. 있더라도 머무르지 말고 빠
져 나오려고 노력하세요. 우리 모두 각자가 아이를 통해 바라고 원
하는 모습이 있을 것입니다. 이것은 당신 안의 부족한 부분을 아이
가 채워주길 기대하고 있기 때문입니다.

아이는 당신으로부터 나왔고 당신과 많이 비슷하고 닮은 부분이
분명히 있지만 당신과는 다른 존재이고 다른 삶을 살고 있습니다.
이것을 인정하고 받아들이면 아이를 나의 아이, 내가 낳고 키우는
아이, 내가 책임져야 하고 바르게 이끌어 주어야 할 아이라는 테두
리를 넘어서서 하나의 소중하고 가치 있는, 스스로 성장하는 역량
을 지닌 독립적인 존재로 볼 수 있게 됩니다.

아이가 커갈수록 아이의 성향이나 성격을 파악하게 되면서 나도
모르게 아이에 대한 편견을 만들고 있다는 것을 문득문득 깨닫게
됩니다. 우리 아이가 이렇구나 혹은 저렇구나 아이의 상태를 남과
비교하게 되거나 부정적으로 판단을 하게 될 때, 어떻게 하면 좀
더 긍정적으로 아이를 바라봐 줄 수 있을까요.

그 비법은 우리의 말에 있습니다. 우선 단어 선택을 긍정적인 표현으로 해 줍니다. 말의 표현이 긍정적일 때 생각도 긍정적으로 변화합니다. 항상 생각이 먼저 앞서고 그 다음 단어가 선택되는 것 같지만 실은 그렇지 않습니다. 입으로 말하고 글로 쓰는 단어들과 표현을 원하는 대로 바꾸면 생각과 관점도 원하는 방향으로 이끌 수 있습니다.

다음은 우리가 보통 흔히 볼 수 있는 아이들의 특질들입니다. 아이의 개성적인 모습과 특성을 무한대로 성장하는 기다란 선상 위에 작은 점으로 보아주세요. 지금의 나를 힘들게 하는 이 상황을 점점 받아들일 만하고, 어렵기만 한 것은 아니며, 점차 덜 예민하게 반응하게 됩니다.

일반적인 표현	긍정적인 표현
까다롭다	기호가 세분화되어 발달하고 있다
다른 사람이나 상황을 (지나치게) 통제하려고 한다 혹은 너무 이기적이다	자신만의 특정한 놀이나 행동 방식이 구체적으로 발달하고 있으며 자신의 통제하에 세심하고 중요하게 관리되고 있다 / 관리되기를 원한다 리더 역할을 원하고 좋아한다
고집을 부린다 고집이 세다	자기 자신의 생각과 의견을 말하고 있다 자신의 기호와 성향을 적극적으로 표현하고 있다
공격적이다	자기 자신을 방어하는 수단을 찾고 있다 강한 감정을 자신이 익숙한 방식으로 표출하고자 한다
부끄럽다	먼저 관찰하고자 한다 어떻게 반응하면 좋을지 방법을 찾고 있다.
너무 조용하다	자기 내면의 세계(Inner world)와 깊게 연결되어 있다 평화롭다 관찰을 먼저 한다 신중하다
너무 시끄럽다 산만하다	열정적이다 에너지가 넘친다 활동적이다 여러 곳에 다양한 흥미를 느낀다
사교성이 떨어진다 소심하다	독립적인 활동을 선호한다 주변(상대)을 신중하게 탐색한다 자신과 주변을 향한 안전에 대한 감각이 발달되어 있다

꼭 위의 표대로 아이를 볼 필요는 없습니다. 당신이 원하는 방식으로 아이를 설명할 수 있는 긍정적인 표현을 찾으면 됩니다. 아이가 커가는 과정은 전체적으로 보아야 합니다. 언어발달, 인지, 행동발달, 혹은 영어, 수학, 미술 등으로 나누어서 따로 보면 언어발달은 훌륭한데 그림에는 소질이 없다는 식으로 아이의 부족한 부분을 보게 됩니다.

각 발달영역과 과목이 나뉜 이유는 풍부한 잠재력과 가능성을 가진 모든 아이들의 전체적 성장을 다방면에서 접근하여 그들의 역량을 최대한 끌어낼 수 있게 도와주기 위해서입니다. 이것이 아이를 판단하는 목적과 수단이 되어서는 안 됩니다. 아이를 '전체적으로 성장하는 하나의 큰 존재' 그 자체로 보아주세요. 아이가 '자신의 고유한 방식으로(우리가 원하는 방식이 아닌)' 잘 놀고 잘 먹고 잘 자고 세상과 교감하고 소통하고 있고 우리가 이것을 전체적으로 보아준다면 아이의 세세한 행동이나 다루기 어려운 상황에 대해 대처하는 우리의 자세가 조금 더 여유로워질 수 있지 않을까요.

우리는 아이를 컨트롤한다고 말하지 않습니다. 우리가 컨트롤할 수 있는 것은 상황을 바라보는 우리 자신입니다.

아이에게 진지하게 말하고자 할 때
기억해야 할 4가지

음식이 어떤 그릇에 어떻게 담겨 나오느냐에 따라 맛이 주는 느낌이 다른 것처럼 말도 어떻게 표현하고 전달하느냐가 매우 중요합니다. 말을 할 때 아이의 수준과 눈높이에 맞춘 단어 선택과 문장의 길이와 표현의 중요성은 항상 강조되어 왔고 우리 모두가 이미 익숙하게 알고 있는 부분입니다. 우리가 지금 여기서 다루고자 하는 부분은 바로 당신의 비언어영역 즉 보디랭귀지 영역입니다.

아이에게(어른에게도) 우리의 보디랭귀지(표정, 목소리, 손짓 발짓 등)는 우리가 전하고자 하는 말의 내용 자체보다 상대에게 더욱 많은 영향을 줍니다. 우리의 메시지가 아무리 훌륭하다고 해도 그것을 전달하는 당신이 보여주는 모습이 이를 뒷받침해 주지 않으면 큰 효과가 없습니다. 나름 좋게 타일렀는데도 아이가 불안해하거나 기분 나빠한다면 당신이 '말을 어떻게 다르게 잘해 볼까.'를 생각해 보기 전에 그 말을 전달하는 당신의 방식에 대해 먼저 의문을 던져 볼 필요가 있습니다.

똑같은 말이라도 당신이 할 때와 다른 사람이 할 때 아이의 반응이 다릅니다. 아이가 상대의 역할과 지위, 자신과의 관계 등을 고려하여 화자의 말 속 의미와 중요성을 판단하고 감지하기도 하지만 당신이 보여주는 보디랭귀지에서 호소력이나 설득력이나 안정감이나 신뢰가 묻어나고 있는지를 온몸으로, 본능적으로 감지하기 때문입니다. 그리고 우리 자신 또한 이것을 의식적으로 들여다보아야 합니다.

아이에게 진지하게 말하고자 할 때 기억해야 할 4가지

1) 아이콘택트

하던 일 멈추기 – 아이에게 다가가기 – 눈 맞추기

대화할 때 아이콘택트의 중요성은 아무리 강조해도 지나치지 않습니다. 하던 일을 멈추고 아이에게 다가가 눈을 맞추는 행동은 아이에게 당신이 갖고 있는 메시지가 중요하다는 것을 강조하는 의미입니다. 아이가 당신에게 집중하길 원한다는 뜻을 표현하는 것입니다. 그런데 여기서 한 가지 주의해야 할 것이 있습니다.

과유불급. 아무리 중요한 아이콘택트라도 너무 진지하게 자주 아이의 잘못을 지적하는 것은 아이의 원치 않는 행동을 오히려 강화시킬 수 있습니다. 아이는 지적 받는 행동을 무의식적으로 반복할 수 있고, 관심 받고 싶어서 안 되는 걸 알면서 일부러 할 수도 있습니다. 당신이 진지하게 아이를 가르치려는 순간이 너무 잦아지면, 즉, 잔소리나 지적이 많아지고 이때마다 눈을 마주치고 가르치려 하면, 아이는 점점 듣기 싫어하고 당신은 잘하려고 노력하는데 아이의 귀담아 듣지 않는 태도를 보게 되며 스트레스를 받습니다. 따라서 사소한 잘못이나 실수는 짧게 언급하고 넘어가거나 때론 못 본 척 넘어가도록 합니다.

2) 목소리

목소리는 자신감 있게, 부드럽고 조용히 그러나 힘 있고 단호하게 분명히 말합니다. 목소리는 매우 중요합니다. 좋은 말이라도 무섭게 말하면 아이는 겁을 먹거나 불안해합니다. 같은 말이라도 어떤 목소리로 어떤 억양에 담아 전달하느냐에 따라 아이는 편안하고 자연스러움을 느끼기도 하고 걱정하고 불편해하기도 합니다. 나름 좋은 말, 설득력 있는 말을 잘 걸러서 했는데 아이가 쉽게 달래지지 않거나 뜻대로 잘 따라와 주지 않는다면 아이가 왜 내 말을 잘 귀담아 들어주지 않을까를 묻기 전, 자신의 목소리를 포함한 전체적인 태도가 어땠는지를 다시 한 번 생각해 볼 필요가 있습니다.

3) 제스처(몸동작)

나의 감정에 휘둘려서 표정과 말투가 필요 이상 엄하게 나올 경우도 있습니다. 특히나 이럴 때는 말을 하면서 아이의 손을 부드럽게 잡도록 노력하고 어깨에 가볍게 손을 올려놓는 부드러운 제스처가 필요합니다. 아이는 당신의 강한 어조를 듣는 동시에 당신의 부드러운 손길을 느낄 것이고 아이는 당신에 대한 사랑과 신뢰를 확인할 수 있게 됩니다. 자신이 보호받고 있다는 믿음과 안정감을 느낍니다. 반대로 말은 부드럽게 하면서 아이를 꽉 잡거나 손길이 거칠면 아이는 당신이 좋은 말을 하고 있어도 부정적으로 해석할 것입니다.

4) 마무리

마무리를 하는 과정은 대단히 중요합니다. 감정과 이성이 섞인 혼돈의 시간에는 말이 길어지기도 하고 두서없이 나오기도 합니다. 요점은 온데간데없고 지난날의 잘못도 한꺼번에 다시 언급하며 되새김질을 하게 되기도 합니다. '마무리'는 이같이 복잡하고 힘들었던 상황을 얌전히 닫아 주는 문과 같은 것입니다. 마무리는 우리가 아이에게 고마움, 미안함, 사랑을 표현하는 단계입니다. 아이를 안아주고, 사랑한다고 말하면서 아이가 무엇을 배웠으면 하는지를 짧막하게 요약해 주고 아이가 편안하고 깨끗한 마음으로 일상으로 돌아갈 수 있도록 환기를 시켜주는 작업입니다.

감정을 추스르기 어렵거나 마무리를 바로 하기가 쉽지 않더라도 의식적으로 마무리를 시연하고 연습하길 권합니다. 올바른 마무리를 함으로써 아이와 당신 모두에게 스트레스를 줄 수 있는 상황이 서로의 성장과 배움의 과정 중의 하나가 되며 어려움, 문제 등을 건강하게 받아들이고 회복하는 것입니다. 마무리가 없으면 아이는 무엇 때문에 자신이 혼이 났는지, 엄마가 왜 화가 났는지, 자신이 무엇을 잘못했는지, 앞으로 어떻게 하는 것이 맞는 것인지 정리가 되지 않은 채 일상으로 복귀합니다. 특히, 필요 이상으로 아이가 혼이 났을 경우에는 불안함, 두려움, 무서움, 걱정스런 감정의 잔재들이 마음속에 남게 되고 이것이 쌓이면 아이는 눈치를 보고, 예민해지고 터질 듯한 스트레스를 예상치 못한 때에 표출하게 됩니다.

당신의 소중한 에너지를 위하여

당신의 소중한 에너지를
아이에게 고함을 지르거나 화를 내거나 과민한 반응을 보이는 데
쓰지 말아 주세요.
당신의 에너지는 균형 잡혀 있어야 합니다.

이것은 건강하고 긍정적인 육아를 위해 매우 중요한 것입니다.

당신은 아이를 향한 사랑으로 가득 차 있지만
에너지를 무한대 생성해 내는 공장이 아닙니다.
당신이 원하는 방향으로 이끌 아이와의 '양질의 순간과 시간'을
위해 에너지를 아껴 주세요.

저는 지금 당신의 삶을 이야기하고 있습니다.
"지금 나의 육아는 할 만해. 괜찮아."라고 말할 수 있어야 합니다.

우리 자신을 위해서요.

구체적 상황 다루기

　메인 디시는 우리가 자주 마주치는 구체적인 상황을 제시하고 이를 위한 긍정적인 화법, 다양한 접근법, 건강한 태도를 소개하고 있습니다.

　우리가 정말 알아야 할 것은 육아 기술과 자녀교육을 위한 대화법들이 단지 아이만을 위한 것이 아니라는 것입니다. 다시 말하면, 육아 기술과 방식들은 육아를 하는 우리 자신을 존중하고 소중히 하기 위해, 우리의 건강한 삶을 위해 필요한 기술들인 것입니다.

　우리의 행동과 말, 태도는 그것을 옆에서 보고 함께 겪는 사람보다 그것을 직접 행하는 자기 자신에게 더 큰 영향을 줍니다.

육아를 잘하고 싶다면,
그 근본이 되는 진정한 이유는
'아이를 훌륭히 키우고 싶다.', '잘 자라는 모습을 보고 싶다.'가
아니라 육아를 하는 우리가
진정한 내면의 자신과 조우하고
자신의 긍정적인 자질들을 본격적으로 체험하는 것이
목적이 되어야 합니다.

육아 문제나 스트레스처럼 우리를 예민하게 하는 것은 없을 것입니다. 나의 아이와 관련이 되어 있다면 우리는 귀를 쫑긋 세우고, 보다 집중하고, 방어적이 되기도 하고 감정적이 되기도 합니다. 내 아이만큼 나를 나 자신의 내면으로 적극적으로 초대하는 존재는 아마 없을 것입니다.

아이는 철저하고 올바른 육아 방식의 테두리 안에서 성장하는 것이 아닙니다. 아이는 우리 자신과 우리의 삶 전체를 보고 배우고 그대로 흡수하며 성장합니다. 육아는 우리 삶의 커다란 일부입니다. 따라서 그것을 관리하고 다듬는 것은 우리의 삶을 위한 것이 되어야 합니다. 우리가 상황에 침착하게 반응하고 올바르고 건강하게 이끄는 그 순간, 사실은, 우리는 그 누구도 아닌 우리 자신을 건설적이고 건강한 방식으로 대하고 있는 것입니다.

우리가 마음을 가다듬고 아이에게 매너 있고 부드러운 표현이나 자신 있고 단호한 모습으로 상황을 마주한다면, 이것은 액션을 취하고 있는 우리 자신을 존중하고 소중히 하고 있다는 것을 의미합니다. 우리가 하는 말은 우리의 귀를 통해서 가장 먼저 듣고, 행동은 우리의 머릿속에서 가장 먼저 그것을 접하고 인지하게 되기 때문입니다. 고함을 지르거나 아이에게 화를 내며 분노를 표출하고 있다면 우리가 우리 자신을 아끼고 존중하고 있다고 말할 수 없을 것입니다.

삶 속에서, 육아 속에서, 자기 자신을 존중하고 아끼고 포용하고 부드럽고 건강하게 다루기 위해서 당신이 보이는 말, 행동, 태도와 모습을 관리해 주세요. 가식적으로 아이에게 잘하거나, 억지로 좋은 행동을 하려고 노력하라는 뜻이 아닙니다. 남에게 잘 보이고 칭찬과 인정을 받으려고 육아를 하라는 것이 아닙니다. 당신이 밖으로 표출하는 에너지와 메시지를 올바르게 잘 전달하려면 자기 자신을 진심으로 아끼고 자신의 감정과 내면을 살피고 돌보며 나 자신을 다독여주고, 공감해 주고, 위로해 줄 수 있어야 합니다.

말이 뜻대로 원하는 대로 잘 나오지 않고, 마음처럼 잘 되지 않는 것은 당신의 관심과 집중이 당신 자신으로부터 너무 멀어져 있기 때문입니다. 달리 말하면 과도하게 아이에게만 집중되어 있다는 뜻입니다.

이럴 땐 자신에게 이렇게 말해 주세요.

'나는 나를 존중하고 싶어. 아무리 화가 나도 함부로 아무 말이나 하진 않을 거야.'

'나는 지금 아이에게 침착하게 말하고 있어. 나는 내가 알고 있는 것보다 더 현명하고 침착하구나.'

건강한 육아를 한다고 결심을 했다면 아이를 잘 키우겠다는 것에 모든 의미와 목적을 두지 않아야 합니다. 육아는 육아를 하는 우리, 우리의 모습, 태도를 돌보는 것이 전부입니다. 이러한 마음으로 육아를 하면 아이 중심으로 돌아가는 시간과 공간은 어쩔 수 없을지라도 우리는 여전히 삶의 주인임을 느낄 수 있습니다. 이것은 우리의 삶, 육아를 건강하게 포용하는 삶에 아주 중요한 바탕이 됩니다.

육아 기술과 대화법을 실제로 적용할 때 가장 효과적으로 할 수 있는 방법이 있습니다. 그것은 평소에 우리가 하는 말, 목소리, 표정, 태도가 어떠한지 의식적으로 듣고 인지하는 것입니다. 이것은 현재를 깨어 있는 상태로 보고 동시에 우리 안의 세계를 살펴볼 수 있게 도와줍니다. 이 연습이 익숙해지고 편해지면, 무의식적으로 말하고 행동하는 와중에서도, 자신의 상태를 순간적으로 알아차릴 수 있습니다. 예를 들어, 자신의 내면의 상태와 기분과 감정에 관심을 갖고 있으면 '아, 내가 지금 기분이 안 좋은가 보다. 말이 이렇게 나오는 거 보니. 오늘 좀 조심해야겠다.'라는 생각을 하게 되고, 뜻하지 않는 실수나 잘못이 훨씬 줄어들게 됩니다. 성숙한 자세로 감정을 추스르는 게 되는 것입니다.

필요한 때에 적절한 스킬이 자연스럽게 나오게 하려면 일상을 통해 연습을 하는 것이 가장 중요합니다. 육아에 있어서 스킬은 완벽해지기 위해서가 아니라 익숙해지기 위해서 연습을 하는 것입니다. 익숙해진다는 것은 스킬을 사용하는 나의 마음이 편안하고, 그 모습에 자신감이 있으며, 자연스럽다는 것입니다.

육아 기술을 실제에 적용하고 연습하면서 가장 중요한 것은 실패해도 괜찮다는 편안한 마음을 갖는 것과 자신의 실수에 대해 관대함과 담대함을 갖는 것입니다. 자신의 잘못에 깊은 후회와 죄책감이 느껴지더라도 거기에 머무르지 않고 용기를 갖고 털어내는 마음과 잘하고 있는 부분에 집중하여 스스로를 위로해 주는 나 자신을 향한 따뜻함이 필요합니다.

이 책이 소개하는 표현이나 방식이 여러분을 반드시 훌륭하고 모범적인 엄마, 아빠로 만들어 준다고 할 수 없습니다. 누구나 부모로서 매일 반성과 후회 그리고 다짐을 반복합니다. 그러니 '이렇게 했어야 했는데 난 그러질 못했네.'라고 자책하실 필요도, 책에 나온 표현을 암기하여 그대로 따라하려고 노력할 필요도 없습니다.

단, 기억해야 할 것 두 가지가 있습니다.
아이에게 주고자 하는 '핵심 메시지'가 무엇인지
우리 스스로 그것을 정확히 알고 있어야 한다는 것,
이를 전달하는 방식(우리 자신의 목소리, 억양, 표정, 태도)에
확신과 자신감이 있어야 한다는 것입니다.

사람마다 성향과 개성이 다르지만 아이가 감정적, 사회적으로 긍정적이며 건강한 마음을 갖고 성장하기를 바라는 마음은 모두 같을 것입니다.

이 책이 담고 있는 육아 기술과 접근법이 풍부한 당신 내면의 잠재력을 자극시키고 그 긍정적인 자질들이 마음껏 발휘될 수 있는 기회가 되기를 바랍니다.

아이가 재미로 음식(물건)을
자꾸 떨어뜨릴 때

아이가 밥이나 간식을 먹다가 음식을 떨어뜨릴 때가 있습니다. 자기도 모르게 떨어뜨리는 것은 전혀 문제가 안 되지만 간혹 일부러 떨어뜨릴 때가 있습니다. 배가 불러서 먹는 것에 더 이상 흥미가 없을 때도 있지만 이런 행동이 반복되면 하지 말라고 같은 말을 반복하기도 지치고 매번 혼을 내기도 힘이 빠집니다. 이 같은 상황이 반복될 때 아래의 재료들을 참고하여 조금 더 다양한 표현으로 대처해 보세요. 사소한 육아 스트레스를 줄이는 데 도움이 됩니다.

Ingredients

음식을 떨어뜨렸네. 음식은 먹는 거야.

떨어뜨리면서 갖고 노는 게 아니야.

(음식은 먹는 것입니다. 음식과 관련된 요리활동 등이 놀이가 될 수는 있지만 음식을 갖고 장난치며 노는 것은 안 된다는 것을 알려줍니다.)

이제 그만. 지안이 심심하면 밥 다 먹고 놀자.

('안 돼', '하지 마'보다 구체적이며 긍정적인 표현을 찾아봅니다.)

물을 쏟았네. 걸레 어디 있는지 알지?

물이 쏟아졌다. 걸레는 욕실 앞에 있어.

(아이가 스스로 문제의 잘못을 아는 경우, 잘못을 일일이 지적하기보다는 바로 함께 해결책을 찾는 단계로 넘어갑니다.)

물 컵을 들 때 두 손으로 받아 주세요.

밥그릇을 조금 더 몸에 가까이에 놓고 먹자.

(예상할 수 있는 사고를 미리 방지할 수 있는 법을 알려 줍니다.)

Tips. 왜 음식을(혹은 물건을) '일부러' 떨어뜨리는가?

1. 탐험/실험 – 어린 아이들은 세분화된 근육과 신경의 발달이 아직 미숙하여 생각과 신체 움직임이 조화롭지 못합니다. 이 때문에 마음처럼 잘 되지 않아서 물건을 자꾸 떨어뜨리게 되는 경우도 있습니다. 아이는 호기심에 고의적으로 음식이나 사물을 떨어뜨리기도 합니다. 어떤 행동을 했을 때 무슨 일이 일어나는지 궁금해서 해 보는 것입니다.

예를 들어 음식을 떨어뜨리는 것은 음식이 떨어지는 모습, 떨어진 후 모습을 궁금해하는 것입니다. 3살이 넘어가면 엄마, 아빠의 반응이 궁금하거나 집중이나 관심을 받고 싶을 때 일부러 하기도 합니다. 자기 나름대로 세상을 탐험하고 모험하고 배우는 것입니다. 아이들은 자기 고유의 방식으로 세상을 탐색합니다. 그것이 옳은 것인지 그른 것인지는 아직 잘 알지 못합니다. 안다 해도 배운 것을 내재화하기까지 시간이 걸립니다.

배운 것을 행동으로 표현하기까지는 시간이 걸리고 이 과정에서 아이들이 보여주는 반응은 아이의 성향과 기질마다 다릅니다. 아마 우리의 말 몇 마디에 아이가 바로 말을 듣거나 상황이 즉각 개선되지는 않을 것입니다. '아이가 바로 말을 듣게 해야지, 앞으로 못하게 해야지, 지금 얘기 잘 했으니까 앞으로 안 하겠지.'라는 생각을 하면 상황이 뜻처럼 이어지지 않을 때 마음이 급해지고 잘못된 선택(윽박지르거나 성을 내며 혼을 내거나)을 하게 될 가능성이 커집니다.

주어진 상황의 즉각적인 개선과 변화에 목적을 두지 않고
상황에 적절하게 대응하는
당신의 모습, 선택, 태도에 집중해 주세요.
당신이 생각하는 올바르고 필요한 말들을 해 주며
'아이를 한결같이 꾸준히 바르게
안내하는 것에만 집중'해야 합니다.

2. 놀이 – 사실 음식을 바닥에 떨어뜨리면 먹지 못하게 되니 아까운 것도 있지만 지저분해지기 때문에 청소하는 것이 힘들어 혼을 내는 경우가 많습니다. 여러 번 참아주고 받아 주었다가도, 순간 짜증이 욱하고 올라오기도 합니다. 이럴 땐, 가장 먼저 '방금 이 행동이 아이에겐 노는 거였구나. 아이가 놀이를 통해 경험하고 알아가고 있구나.'라고 생각해 보는 것입니다.

'괜찮아, 괜찮아. 이러면서 크는 거지.'
'괜찮아, 아이니까 그런 거지.'
'그래그래. 다 괜찮아.'
아이를 위해 토닥토닥.
나 자신을 위해 토닥토닥.

아무리 아이가 당장 유난스럽거나 특출난 행동을 보일지라도 전체적인 성장과정 속의 작은 일부로 바라봐 주세요. 조금 더 너그럽게 육아할 수 있는 여유와 힘이 생기게 됩니다.

아이를 위해 토닥토닥.
나 자신을 위해 토닥토닥.

장난감 하나를 놓고 다른 아이와 다툴 때

장난감 하나를 두고 다른 아이와 다투는 일은 흔히 일어납니다. '사이좋게 싸우지 말고 놀아라.'라고 말하는 것 외에 우리가 아이에게 해 줄 수 있는 안내는 어떤 것이 있을까요.

Ingredients

둘이 똑같은 장난감 갖고 놀고 싶어 하는구나.

누가 먼저 장난감을 골랐니?

(누가 먼저 갖고 놀 것인지를 정해야 할 때는 먼저 장난감을 고른 사람이 먼저 갖고 놀 수 있는 기회를 갖습니다.)

친구가 먼저 그네를 잡았구나(친구가 먼저 와서 기다리고 있었구나).
그럼 이번엔 이 친구가 할 차례야.

이번엔 누가 할 차례니?
('Taking turns' 기술입니다. 차례대로 순서를 지키는 규칙입니다.)

이 친구가 끝나면 지안이 차례야.

다 끝났어?
친구한테 가서 지안이 지금 끝났다고 알려주자.
그 친구가 아까부터 자기 차례 기다리고 있거든.
(자신의 차례를 기다리고 있는 친구의 마음을 헤아릴 수 있는 기회를
줍니다.)

지안이 빨리 갖고 놀고 싶지?
친구가 끝나면 지안이 차례야.
친구도 그 장난감을 좋아하니까 오래 갖고 노는가 봐.
지안이 기다리는 게 너무 힘들면 친구한테 가서 말할 수 있어.
너무 오래 기다려서 지친다고 말야.
얼마나 더 기다려야 하냐고 물어볼까?
(먼저 갖고 노는 사람이 너무 오래 갖고 놀면 기다리다 지치는 것이

사실입니다. 그러나 자신의 차례를 금방 포기하고 얼른 다음 사람에게 장난감을 넘겨주라고 강제로 아이의 놀이를 멈추게 할 수는 없습니다. 기다리고 있는 아이의 감정을 인정해 주고 다른 사람의 권리, 순서, 규칙을 고려하여 적절한 해결책을 함께 찾아봅니다.)

순서를 기다리는 친구들이 많구나.

어쩔 수 없이 시간을 정해야겠다.

지안이 십 분 놀고 친구한테 주자.

(아이의 놀이에 시간을 정하는 것은 권장할 만하지 않다는 의견도 있습니다. 그러나 공공장소에서 기다리는 사람이 많을 경우엔 사회적 매너를 배운다는 의미로 '놀이 시간 제한'을 해야 할 때가 있습니다.)

지안아, 기다리는 친구들이 너무 많다.

다음 차례 아이에게 그네를 주자. 다른 거 찾아보자.

미끄럼틀 가 볼까?

(아이의 놀이를 강제로 멈추게 할 수는 없지만 아이를 다른 놀이로 초대하는 등의 방법으로 설득해볼 수는 있습니다.)

(아이가 다른 아이에게 기회를 주지 않으려고 할 때)

지안아, 이 정글짐은 다른 사람도 같이 올라갈 수 있어.

이건 여러 사람이 함께 노는 정글짐이야.

(아이의 행동을 비난하거나 질책하기보다는 공공장소에서 존중해야
할 규칙을 아이에게 '알려준다, 기억을 되살려 준다, 되새김 한다'는 마
음으로 안내합니다.)

지안아, 여러 사람이 함께 와서 노는 놀이터에선 지켜야 할
규칙이 있어. 그래야 지안이도, 다른 아이들도, 모두가 다 함
께 재미있게 놀 수 있어.

(공공장소에서 여러 사람과 함께 놀 때는 이에 적용되는 규칙과 매너
가 있습니다. 이런 사회적 약속은 아무리 어린 아이일지라도 항상 노출
시키고 경험할 수 있게 합니다.)

Tips

1. Sharing by 'taking turns' 기술 – 사람의 수에 비해 장난감/
놀잇감의 수가 제한적일 경우 차례를 정해서 순서대로 기회를 갖
는 방법을 알려 줍니다.

우리는 사이좋게 같이 놀라는 말을 하곤 하지만 어린 아이들은
'장난감은 하나인데 어떻게 같이 놀라는 거지?'라고 생각하며 혼
란스러워하기도 합니다. 이럴 땐, 순서를 정해서 아이에게 자신의
차례를 기다리게 하고 자신의 차례 이후에 기다리고 있는 사람이

있다는 것을 알게 하면서 조금씩 규칙을 체득하게 합니다. 다른 사람과 같이 노는 방법과 기술은 다양한 환경 속에서 자연스럽게 주어진 기회 속에서 아이가 직접 경험하고 주변을 관찰하며 '서서히' 배워 나가게 됩니다.

2. 아이가 규칙을 지키는 모습, 배려, 양보, 협조를 잘하는 모습을 알아봐 주고 칭찬해 줍니다.

이해해줘서 고마워, 지안아.
지안이, 지안이 차례 기다리고 있구나.
지안이 다른 거 하면서 기다리고 있구나.
지안이 차분히 잘 기다리고 있구나.

3. 아이들끼리 다툼이 일어났을 경우 어른들은 해결해 주려고 합니다. 그러나 우리가 아이들 세계에서 어떤 일이 일어났는지 처음부터 끝까지 보지 못하고 제대로 알 수 없는 경우가 많습니다.

이럴 땐 참 난감하고 어렵습니다. 그러나 우리가 항상 해결책을 알 수도 없고 그럴 필요도 없습니다. 때론 어떻게 해결하면 좋을지 해결책 자체에 중점을 두기보다, 아이의 이야기를 들어주고 감정을 받아주는 것으로도 충분합니다. 언어가 발달된 조금 큰 아이들의 경우 어떻게 하면 좋을지 함께 얘기해 보는 것도 좋습니다.

4. 우정에 대하여

아이가 친구와 놀다가 장난감을 두고 심하게 다투면 아이 친구 엄마 보기도 민망하고 미안해지는 경우가 많습니다. 엄마들끼리 모이면 다 같이 또래 친구라고 생각하고 같이 놀게 하지만 아이들은 왜 내가 그 아이와 친구여야 하고 사이좋게 놀아야 하는지에 대해 받아들이기를 직간접적으로 거부할 수도 있고, 의문이나 불만을 품기도 합니다.

어른의 입장에서는 어린 아이에게 친구를 소개시켜 주면서 같이 잘 놀기를 바라지만 사실 아이의 입장에서는 만나는 모든 사람이 친구가 될 필요가 없는 것입니다. 아이가 커가면서 자신의 친구로서 직접 자신의 성향과 기호대로 선호하는 대상이 있고 선택할 수 있음을 우리는 알고 있습니다. 이와 함께, 우리는 아이가 자신의 친구가 아닌 다른 사람에게도 보여 줄 매너와 예의를 배울 수 있도록 도와주어야 합니다. 즉, 친구가 아니어도(자기가 싫어하는 사람이든 좋아하는 사람이든) 상대방의 감정과 의견을 존중하고, 함부로 대하지 않고, 다른 사람에게 상처를 주어선 안 된다는 것입니다.

여러 사람이 함께 와서 노는 놀이터에선 지켜야 할 규칙이 있어.
그래야 모두가 다 함께 재미있게 놀 수 있어.

배변 훈련을 도와줄 때

아이가 변기에 볼일을 보고 기저귀를 떼기까지는 많은 인내와 시간과 노력이 필요합니다. 배변 훈련이 아이의 인생에 얼마나 중요한지 그리고 전체적인 성장 발달에도 얼마나 큰 영향을 미치는지를 알게 될수록 우리가 할 수 있는 것에 대해 더욱 조심스러워집니다. 아이가 부드럽고 긍정적인 안내에 잘 따라와 주길 바라지만 그렇지 않을 땐 내가 제대로 하고 있는 것인지 의문스럽기만 합니다. 배변 훈련에 있어 '긍정적인 안내'라는 것은 구체적으로 어떤 것일까요. 우리의 말과 행동으로 어떻게 표현될 수 있을까요.

Ingredients

변기한테 "안녕~"이라고 인사하자!
말랑이(아이가 좋아하는 인형) 변기에 앉혀 보자!
(놀이와 재미를 접목시키면 아이가 흥미를 갖습니다.)

지금 변기에 한번 앉아 볼까?

(아이를 변기에 초대해 봅니다.)

밥 먹었으니까 변기에 한번 앉아 보자~

(배변 훈련 시 아이를 초대할 때에 성공 확률을 높이는 적절하고 알맞은 때가 있습니다. 자기 전이나 음식 섭취 후에 시도해 봅니다.)

화장실 가는 거 도와줄게. 엄마가 엉덩이 닦아줄게.

(같은 시공간에 있다고 해서 같은 상황에 있는 것이 아닙니다. 현재 어떤 일이 일어나고 앞으로 어떤 일이 일어날지, 당신이 무엇을 하고 있고, 이제 무엇을 할 것인지에 대한 정보를 줌으로써 '당신이 인식하고 있는 현재'를 아이와 공유해 주세요. 아이가 인식하고 있는 상황과 당신의 상황은 서로 다릅니다. 이를 서로 공유(당신의 '현재'를 읽어주고 아이 인식 속 '현재'를 물어봐주면서)함으로써 아이의 마음과 당신의 마음이 연결되어 보다 깊게 교감하고 소통할 수 있습니다.)

오! 지안이 혼자 화장실 와서 쉬야 했구나! 기분이 어땠어?

(밝고 흐뭇한 표정과 목소리로 아이의 작은 성공에 화답해 줍니다. 아이에게 기분이 어떤지 물어봐 줍니다. 아이 스스로 자부심과 성취감을 느끼고 이를 표현할 수 있는 기회를 줍니다.)

밖에 나가기 전에 화장실 한번 앉아보자.

(배변 훈련 시 우리가 기억해야 할 것은 아이가 '반드시', '꼭' 화장실에 가야 한다는 생각을 하지 않는 것입니다. 배변 훈련에 대한 조바심, 압박감, 강박감, 의무감을 덜고 아이의 일상에 자연스럽게 화장실에 가는 것을 포함시켜 주세요. 조금씩 천천히 점진적으로 접근해 주세요. 예상되는 아이의 실수, 잘못, 화장실 사고를 미리 대비하고 언제 어디서나 받아들일 마음의 준비도 해 주면 좋습니다. 외출 시 여분의 옷을 챙기거나 장소 이동 시 화장실로 초대해 주세요.)

바지에 오줌 쌌구나. 괜찮아. 이러면서 배우는 거야. 바지 젖었다고 알려 줘서 고마워.

괜찮아. 바지에 똥 쌀 수도 있지. 그러면서 크는 거야. 엄마한테 얘기해 줘서 고마워.

(훈련기간엔 많은 실수가 있습니다. 이럴 땐 배움과 성장의 일부로서 아이의 실수를 자연스럽고 의미 있게 바라보도록 합니다. 배변 훈련은 한 순간에 이루어지는 것도 아니고 몇 번 성공했다고 해서 훈련이 완벽하게 끝나게 되는 것도 아닙니다. 아이가 부담이나 죄책감을 갖거나 자신감을 잃지 않도록 하는 것이 중요합니다.)

1. 배변 훈련, 언제 시작하면 좋을까요?

아이마다 다르지만, 보통 16~18개월 무렵에 훈련을 시작할 수 있습니다. 두세 가지의 지시를 기억하고 이를 스스로 해내려면 인지의 발달도 받쳐주어야 하고 아이가 자신의 좌변기에 스스로 안정적, 독립적으로 잘 앉을 수 있는 신체발육과 훈련을 위한 마음가짐이 어느 정도 준비되어 있어야 합니다. 그러나 특정한 개월 수에 상관없이 아이가 다음과 같은 신호를 보이면 훈련을 시작하셔도 됩니다.

1. 좌변기에 흥미를 보인다.
2. 가족들이 화장실에 가서 볼일을 보는 것에 관심이 많다.
3. 기저귀에 오줌, 똥을 쌌다고 알려준다(자신의 배변활동을 인지한다).
4. 오줌이나 똥이 마렵다고 말한다.
5. 스스로 바지를 입고 벗을 수 있는 실력이 늘고 있다.
6. 독립적으로 스스로 혼자 하고자 하는 욕구가 부쩍 늘었다.
7. 오줌이나 똥을 참기도 하는 등 조절할 수 있다.
8. 몇 시간 동안 기저귀가 젖지 않고 말라 있다.

2. 단계별로 해보는 배변 훈련

1단계 – 주변 환경 세팅하기

1) 아이가 가족 구성원이 화장실을 이용하는 모습을 자연스

럽게 보게 합니다. 변기에서 볼일을 보고, 손을 씻는 일련의 과정들을 설명하면서 보여 줍니다.

2) 아이가 좋아하는 인형을 아이의 변기에 초대하고 앉히면서 놀이로 친근하게 배변 훈련을 소개합니다.

3) 아이와 함께 팬티와 아이 변기를 고르며 아이의 선택을 지지해 줍니다.

4) 배변 훈련에 관한 책을 함께 읽습니다(물 내리는 소리가 나는 책이 좋습니다).

5) 기저귀를 갈 때가 되면, 기저귀를 갈기 전에 옷을 입은 상태에서 아이를 변기에 앉혀 줍니다. 이제 시작될 본격적인 연습에 조금씩 노출시키는 것입니다.

6) 옷은 단추보다는 지퍼가 있는 바지나 치마, 고무줄 바지 등 아이가 혼자 쉽게 입고 벗을 수 있는 옷으로 입혀 줍니다.

7) 아이의 변기 위치는 접근성이 좋아야 합니다. 아이가 신호를 느낄 때 바로 해결할 수 있도록 쉽고 빠르게 갈 수 있는 편한 곳에 변기를 둡니다.

2단계 - 규칙적인 하루 일과 중 하나로 만들기
1) 기저귀 밖이나 안에 아이와 함께 고른 팬티를 입힙니다.
2) 기저귀 가는 시간은 아이가 변기에 앉아 보는 시간이 됩니다. 대소변이 나올 때도 있고 안 나올 때도 있을 것입니다. 중요한 것은 변기에 앉는 것을 당연한 하나의 일과 중 하나로, 자연스럽게 경험하는 것입니다. 기저귀를 갈기

전 아이의 '바지를 내리고 기저귀를 채운 채' 변기에 앉히며 '변기에 이렇게 앉아서 하는 거야~'라고 간단히 알려준후 기저귀를 갈아 줍니다. 아이를 변기에 앉는 경험에 조금씩 노출 시켜주는 것입니다. 이 과정이 어느 정도 익숙해지면 '바지와 기저귀를 모두 내리고' 변기에 앉아 본 후기저귀를 갈도록 합니다.

3) 식사나 간식, 음료수 물 등을 먹은 후 변기에 초대합니다. 음식 섭취 후 변기에 앉으면 성공확률이 높아지고 이는 아이의 자신감을 높여 줍니다.

4) 배변 후엔 화장실을 위생적으로 이용하는 법을 시연하며 함께 연습합니다.

변기에 앉기 – 엉덩이 닦기 – 물 내리기 – 비누로 손 씻기

5) 정해진 시간에 화장실에 초대합니다. 아이가 규칙적인 식사 시간을 갖고 있다면 아이가 배변하는 시간도 아마 규칙적일 것입니다. 성공적인 변기에서의 배변은 아이에게 자신감, 성취감과 만족감을 줍니다.

예) 아침 기상 후 – 아침 식사 후 – 간식 후 – 점심 식사 후 – 간식 후 – 저녁 식사 후 – 잠자기 전

6) 기저귀는 아이가 스스로 내리고 올리기 쉬운 팬티형을 권장합니다. 음식 섭취 후, 수면 전이나 후, 외출 전 등 아이에게 화장실에 가보자고 물어보며 기분 좋게 용기와 동기를 북돋아 줍니다. 아이의 흥미와 호응을 유도하고 반응을 살피며 화장실로 초대합니다.

3단계 - 기저귀 떼기

1) 아이가 변기에 볼일 보는 것을 자연스럽게 받아들이고 익
   숙해지면 낮에는 기저귀를 하지 않고 저녁을 먹고 자기 전
   밤에만 기저귀를 입힙니다.

2) 아이가 저녁을 너무 늦게 혹은 평소보다 많이 먹은 날엔
   자다가 이불에 소변을 보기도 합니다. 밤에 자다가 소변을
   보지 않도록 하려면 물을 포함한 모든 음식 섭취는 아이마
   다 다르지만 보통 잠자기 2-3시간 전에는 끝내는 것이 좋
   습니다. 또한 저녁식사 후엔 볼일을 보게 하고, 자기 전에
   도 한 번 더 화장실에 초대합니다(강요는 하지 않도록 합니다).

3) 아침에 일어나 기저귀가 젖지 않은 횟수가 많아지면 밤에
   기저귀를 입히지 않습니다. 필요시 방수요를 깔아 줍니다.

4) 상황이 허락한다면, 아이의 기저귀 '안에' 팬티를 함께 입
   히는 것을 권장합니다. 볼일을 본 후 팬티의 축축한 느낌
   이 아이 자신의 배변활동에 대한 인지 및 감각을 자극시키
   고 기저귀가 축축하고 불편한 것을 느끼게 되면 아이는 변
   기에서 볼일을 보고 싶어지게 됩니다. 물론 이 방법은 우
   리의 빨랫감을 늘게 하고 집안일이 많아짐을 의미하지만
   매우 효과적이며 보다 적극적으로 도와주는 방법 중에 하
   나입니다.

3. 성공적인 배변 훈련을 위한 열쇠

1) 아이의 발달단계를 존중해 줍니다.

배변 훈련은 아이의 성장 발달에 있어서 단순히 기저귀를 떼는 것 이상의 큰 의미를 갖습니다. 아이의 모든 발달영역은 서로 긴밀히 연결되어 있으며 이는 전체적으로 영향을 주고받으며 함께 성장합니다. 때가 되었다고 아이가 기저귀 떼는 것, 변기를 사용하는 것에 지나치게 집중하면 훈련을 강요하거나 서두르게 되고 이것은 아이의 전체적인 성장 및 다른 발달영역에도 부정적인 영향을 미칩니다. 아이의 인지, 신체발달 및 마음의 준비가 되었을 때 훈련을 하는 것이 좋으며 훈련을 끝내는 것(변기에 배변하는 것)이 아닌 훈련 과정을 전체적으로 어떻게 보내고 있느냐에 중점을 두도록 합니다.

2) 아이의 의견을 존중해 줍니다.

아이가 훈련을 잘하다가도 갑자기 거부하거나 싫다는 표현을 하면 훈련을 멈추고 얼마간(짧게는 1주일, 길게는 두어 달)의 휴식기를 갖습니다. 조심스럽게 아이의 건강, 발달, 감정상태 등을 고려하여 다시 시작해 봅니다.

3) 긍정적인 유도와 반응을 보여 줍니다.

아이가 성공적으로 변기에 배변했을 경우 이를 함께 기뻐하고 축하해 줍니다. 배변 중 실수나 잘못은 너그럽게 넘어가 주세요. 아이 신체의 내외부 기관은 한참 성장하고 성숙해 가는 과정 중에 있습니다. 아이의 뜻하지 않은 실수가 일어나더라도 아이가 죄책감을 느끼지 않게 도와주어야 합니다. '실수도 배움과 성장의 한 부분'이라고 설명해 주시고 용기를 북돋아 줍니다.

4) 무엇보다 우리의 기다림과 인내심이 가장 중요합니다.

아이가 기저귀를 떼고 변기에 볼 일을 제대로 보기까지는 보통 수개월이 걸리고 아이마다 걸리는 시간, 배변 훈련하는 과정에서의 반응과 태도는 각기 다릅니다. 무엇보다 아이가 배변 훈련 과정에서 스트레스를 받지 않도록 하는 것이 가장 중요합니다. 아이가 스트레스를 받으면 화장실 실수는 더욱 잦아지고, 배변을 참는다거나, 짜증이 늘 수 있습니다. 어떤 부분에서(놀이나 활동 등 일상 속에서 아이 자신이 중요하다고 생각하는 부분) 지나치게 예민해지거나, 강박적인 증상을 보일 수도 있습니다. 아이를 믿고 충분한 시간과 마음의 여유를 갖고 자연스럽고 편안하게 아이가 자신감을 갖고 스스로 할 수 있도록 옆에서 보조해 준다는 느낌으로 안내해 주도록 합니다.

괜찮아. 그럴 수도 있지. 그러면서 크는 거야.
엄마한테 얘기해 줘서 고마워.

아이가
어린이집 / 유치원에 적응할 때

우린 아이의 '분리불안'을 아이가 낯선 환경에 어떻게 적응하고 있느냐를 보고 판단하는 경향이 있습니다. 아이가 유치원에 적응을 잘 못하면 내가 무엇을 잘못하고 있는 것인지, 혹은 나와 아이와의 애착관계에 문제가 있는 것은 아닌지 걱정도 됩니다. 아이가 새로운 환경에 적응하는 과정에서 가장 중요한 것은 '아이를 바라보는 나의 모습'에 있습니다. 아이를 바라보는 우리의 모습에 걱정과 불안이 감지되면 아이는 이것을 자신의 내면에 이입시키고 그대로 반응합니다. 낯선 환경에 대해 나(아이)를 바라보는 엄마의 마음처럼 아이도 불안해하고 걱정하는 것이지요.

반대로 아이를 진심으로 믿고 상황에 편안하게 대응하면 아이도 우리가 하는 그대로 상황에 대처합니다. 아이마다 기질과 성향의 차이가 있지만, 우리의 모습이 아이의 행동에 그대로 투영되는 것은 사실입니다. 아이가 유치원에 잘 적응하고 나아가 앞으로도 새로운 환경에서 자신 있게 잘 생활해 나갈 수 있기를 바란다면 그 기대와 바람 속에 무엇이 당신을 걱정시키는지, 염려가 되는지를 짚어보고, 당신이 마음속에 갖고 있는 긴장과 두려움을 해소하고 걱정을 풀어내도록 합니다.

Ingredients

재미있게 놀아, 지안아. 엄마가 5시에 데리러 올게.

(아이는 아직 시간관념이 정확히 없지만 자신에게 일어나는 일들과 앞으로 일어날 일들에 대해서 시간을 포함한 간단한 정보를 공유해 줍니다.)

1. 헤어질 때

인사를 꼭 합니다.

유치원에서 아이와 작별인사를 하는 것은 참으로 힘이 듭니다. 아이는 엄마한테 안 떨어지려고 하고 우리의 발걸음도 쉽게 돌려지지 않습니다. 그래서 차라리 인사를 하지 않고 잘 놀고 있을 때 얼른 돌아서서 나오고 싶기도 합니다. 그러나 인사를 하고 당신이 이제 간다는 것을 아이가 알게 해 주어야 합니다. 갑자기 당신이 없음을 알아차리면, 아이는 순간적으로 격한 감정에 휩싸일 수도 있기 때문입니다.

인사는 짧게 합니다.

자신을 돌보아 주는 커다란 존재와 잠깐이라도 떨어진다는 것은 단순한 분리불안을 겪는 것을 떠나서 아이의 삶엔 굉장히 커다란 사건입니다. 그래서 더욱 아이를 달래주고 위로해 주고 유치원에 함께 머물며 시간을 보내고 싶어집니다. 그런데 유치원에서 헤어질 때 작별인사를 길게 하는 것은 오히려 이별을 더욱 힘들게 합니다. 아이와 헤어질 때 사랑을 담아서 짧게 인사하는 것이 좋습니다. 아이가 운다고 다시 와서 안아 주고 달래 주면 아이는 혼란스러워합니다. 아이 입장에서는, 조금만 더 조르면 마음이 약해진 엄마가 옆에 더 같이 있어주거나, 집에 자신과 함께 갈 것 같다는 생각이 들게 되기 때문입니다. 아이와 인사를 마치면 돌아보지 않고 선생님과 아이를 믿고 얼른 돌아서는 것이 좋습니다.

2. 아이의 유치원에서의 삶과 집에서의 삶을 연결하여 줍니다.

예를 들어, 유치원에서 아이가 노는 모습이 찍힌 사진, 선생님들의 사진, 유치원의 풍경, 놀이방 사진 등을 벽에 붙여 놓거나 함께 보면서 긍정적인 얘기를 나누어 봅니다. 아이가 자신에게 익숙했던 환경에서 한 단계 더 넓은 세상을 조금씩 친근하게 경험할 수 있도록 도와줍니다.

3. 아이마다 적응기간과 반응은 천차만별입니다.

유치원에 온 첫날부터 뒤도 안 돌아보고 뛰어가 잘 노는 아이가 있는 반면 한 달이 되어도 울면서 매일 엄마를 찾는 아이도 있습니다. 어느 것이 더 좋다 나쁘다 할 수 없습니다. 빨리 적응하는 아이를 부러워할 필요도, 적응을 못하는 아이를 걱정할 필요도 없습니다. 아이는 자신만의 속도와 방식대로 넓은 세상을 받아들이고 있습니다. 우리가 할 일은 빠른 적응을 돕는 것이 아니라 아이가 새로운 환경에 안전하고 건강하게 적응할 수 있도록 도와주는 노력을 하는 것입니다.

재미있게 놀아.
엄마가 5시에 데리러 올게.

아이가 다른 사람을 깨물 때

Ingredients

멈추세요! 그만!

(더 큰 사고로 이어지지 않도록 크고 단호한 목소리와 액션으로 아이의 행동을 즉각 멈추게 합니다.)

물면 아파. 많이 아파. 사람은 무는 게 아니야. 사과를 물 수는 있어. 사람은 안 돼.

(무엇인가를 문다는 행동에는 옳고 그름이 없습니다. 대상이 사람일 때 그것은 잘못된 것입니다.)

친구에게 미안하다고 하자. '아프게 해서 미안해.'

연고 바르고 밴드 붙여주자.

(다친 친구를 쓰다듬으며 위로하고 치료해 주는 모습을 시연하여 보여 줍니다. 아이에게 함께 하자고 권합니다.)

사람을 무는 것은 아주 잘못된 거야. 옳지 않아. 물리면 크게 다쳐. 바나나나 사과, 빵은 물 수 있어. 또 무엇을 물 수 있지? 그래. 당근도 물어도 돼.

(안 되는 것, 잘못된 것 대신할 수 있는 '대체할 수 있는 물건/행동'을 알려 줍니다. 사람 대신 무엇을 물 수 있는지 말해 줍니다.)

다음부턴 큰 소리로 '아파! 하지 마!'라고 말해줘. 그리고 어른한테 와서 알려줘.

(상황이 진정되면 물린 아이에게 자신을 방어할 수 있는 법을 알려 줍니다.)

Tips

1. 이가 나는 시기에 깨무는 사고가 자주 납니다. 특히 2-3세 이전에 깨무는 사고는 가장 흔하면서도 자주 일어납니다. 어린이

집처럼 또래 애들이 많은 환경에서는 아이들 사이에서 빠르게 번지기도 합니다. 상황이 마음대로 안 될 때 충동적으로 물어버리는 경우도 있지만 다른 아이가 하는 것을 보고 자신도 실험 삼아, 궁금해서 해 보는 경우도 있습니다. 물컹거리는 사람 살의 느낌이 좋아서 자꾸 친구를 무는 아이도 있습니다. 무는 사고는 피부에 깊은 상처를 남기고 피부가 절개 되면서 감염 등의 위험도 일으킬 수 있기 때문에 사람을 물면 안 된다는 개념을 어린 시절부터 확실히 그리고 철저히 알려 주어야 더 큰 사고를 예방할 수 있습니다.

2. 아이가 이가 나느라 간지러움이나 스트레스를 참지 못하고 사람을 문다면 이를 올바른 방법으로 풀 수 있게 도와주어야 합니다. 사과, 당근, 토스트처럼 단단한 음식을 주면서 깨물고 싶은 욕구를 해소하게 하거나, 어른의 관리 감독하에 적당한 크기의 얼음이나 냉장고에 넣었다 뺀 시원한 수건을 깨물게 하여 뜨거운 잇몸의 열을 식혀 줍니다.

3. 깨무는 사고를 줄일 수 있는 방법

1) 아이와 놀아줄 때 '나는 괴물이다! 너를 잡아먹겠다!' 하면서 아이를 깨무는 시늉을 하지 않도록 합니다. 놀 때 재미를 위해서는 사람을 물어도 괜찮다는 잘못된 메시지를 줄 수 있습니다.

2) 장난으로라도 아이가 보는 앞에서는 사람을 무는 시늉을 하지 않도록 합니다.

3) 손가락을 아이의 입속에 넣는 장난을 하지 않습니다. 아이가
   다른 아이의 입에 자신의 손가락을 넣어보고 싶어 할 수 있고
   이는 사고로 이어질 수 있습니다.

괜찮아, 이것도 경험이야

우리 모두는 실수를 합니다. 우리의 실수는 부모로서 자질이 없거나 자격이 없기 때문이 아닙니다. 이 세상에 모든 면에서 완벽한 사람이 없고 완벽한 부모도 없습니다. 우리 모두는 각자 특별하고 자신의 방식대로 이미 완벽한 존재입니다. 완벽하다는 것이 완전하고 강하다며 모자람이 없다는 뜻이 아닙니다. 부족하고 연약한 모습은 인간적인 아름다움입니다. 이것이 오히려 우리의 일부로 채워지며, 우리의 존재를 완전하게 하는 것입니다.

상심 마세요. 당신 자신에게 괜찮다고 말해 주세요. 잦은 실수도, 잘못도 더욱 성숙한 육아를 위한 한 걸음 한 걸음입니다.

우리는 경험을 통해 배우고 성장합니다.

이 감정이 나에게 주는 메시지는 무엇일까.
이 어려움은 내가 무엇을 배우길 원하는 것일까.

부모는 평생학습자입니다.
우리는 경험이 주는 메시지를 배우고 앞으로 나아갈 수 있습니다.

'난 조금씩 배워 나가고 있어.'
'이것도 경험이야.'

우린 우리 자신에게 에너지와 용기를 북돋아 주어야 합니다.

당신은 당신의 아이를 만나 아이를 키우고 있고 아이를 위해 하루 하루 해내야 할 것들과 앞으로 생각해야 할 것들이 많습니다.

아이는 여기 당신의 도움을 받아 자신의 존재를 드러내는 것을 넘어서서 당신 안의 진정한 모습을 보여 주려 하고 있습니다.

당신 자신을 당당히 마주하고 안아 주세요.
아이를 안아 주면서 두 팔을 벌려 당신 자신을 안아 주는 모습을 머릿속에서 그려 주세요.

따뜻하고 아름답고 연약하기도 하지만 강한 힘이 느껴집니다.

육아를 하면서 우리는 아이를 배워 나갑니다.
그 너머의 진실은, 육아는 우리 자신의 내면을 배워나가는 중이라
는 것에 있습니다.

우리는 그렇게 아이를 통해, 육아를 통해, 우리 자신을 경험합니다.

놀이를 멈추고 정리를 해야 할 때

아이는 놀이를 통해 학습하고 발달합니다. 아이에게 놀이는 매우 중요한 활동이고 방해해선 안 되지만 부득이하게도 아이가 하던 놀이를 멈추게 해야 할 때가 있습니다. 이럴 땐, 아이의 놀이 활동이 얼마나 중요하고 아이에게 소중한 것인지를 인정해주고 존중해 주는 모습이 필요합니다.

Ingredients

지안아, 노는데 방해해서 미안해.

이제 정리해야 할 시간이야.

(아이의 놀이를 멈추게 하는 부득이한 상황에 대해서 미안한 마음을 전달합니다.)

이제 갈 시간이에요. 지안이 점퍼는 옷장에 있어요.

(때론, 점퍼를 입으라는 명령이나 요구가 아닌, 필요한 정보를 주는 것만으로 충분할 때가 있습니다.)

지안아, 10분 뒤에 정리할 시간이에요. 마무리하자.

(남아 있는 시간을 알려주어 아이 스스로 마무리할 수 있는 여유와 기회를 줍니다.)

아직 마무리 할 준비가 안 되었어? 그럼 언제 준비가 될까?

(아이 스스로 자신의 한계를 세팅할 수 있는 기회를 줍니다. 어린 아이라도 아이가 스스로 규칙을 만들면 이를 지키려는 동기와 의욕이 더욱 자극 받게 됩니다.)

지안아, 여기 정리하는 것 좀 도와줄래? 지안이 도움이 필요해요.

(아이에게 '정리하자, 이제 가자.'라는 말 대신 도와달라는 표현으로 돌려서 말해볼 수도 있습니다. 아이들도 다른 사람을 돕는 것을 좋아합니다. 누군가가 자신의 도움을 필요로 한다는 것을 느끼며 뿌듯해할 수 있는 기회를 갖게 됩니다. 우리가 아이들을 어떤 특정한 기분과 감정을 느끼게 조정할 수는 없습니다. 그러나 경험과 환경의 제공을 통해 감

사, 만족감, 성취감, 다른 사람을 도와주면서 느끼는 따뜻함과 뿌듯함에 대한 기회를 줄 수 있으며 이것이 우리가 아이를 돌보며 하는 일 중 가장 중요한 부분입니다.)

엄마랑 지안이 누가 장난감 정리 먼저 하나 보자~
누가 장난감 더 많이 줍나~~
('재미'라는 요소는 아이들이 언제나 가장 좋아하는 양념이 됩니다.)

지안아, 어떤 장난감부터 정리할까?
어디부터 정리하면 좋을까?
(아이가 선택할 수 있는 부분을 물어봐 주면서 아이가 스스로 동참하게 합니다.)

지안이 재밌게 놀고 있구나. 이제 정리할 시간이야. 혼자 정리할 수 있어? 아니면 도와줄까?
혼자 정리할 수 있어? 아니면 엄마가 같이 해 줄까?
엄마가 도와줄 수 있어. 도움이 필요하면 부탁해도 돼.
이건 지안이 장난감이야. 지안이가 책임지고 소중히 돌보고 스스로 정리해야 하는 물건인 거야. 엄마가 도와줄 순 있어.
엄마가 어디부터 도와줄까? 뭐부터 도와줄까?

(아이에게 자신의 물건에 대한 책임감을 북돋아 줍니다. 물건을 소중히 다루고 정리하게 도와주는 것이지요. 그러나 아이에겐 장난감을 치우는 일이 귀찮고 버겁고 힘들 수 있습니다. 이럴 땐 옆에서 적극적으로 아이의 해야 할 일을 지지해 주고 동참해 줍니다. 아이가 해야 하는 일을 옆에서 살짝 거들어 주는 것입니다.)

Tips

선택의 기술

1. 상황이 막혀 있고 부드럽게 흘러가지 않는다고 느껴질 땐, 아이에게 선택의 기회를 줍니다.

'내가 아이에게 하지 말라는 말을 너무 많이 하고 있구나. 지금 이 상황에서, 아이가 선택할 수 있는 건 뭐가 있을까.'

상황 속에서 찾아보고, 없을 땐 선택할 수 있는 상황을 만들 수도 있습니다. 선택은 아이에게 상황을 자신이 주도하고 있는 힘을 느끼게 해 줍니다. 단, 너무 많은 선택은 아이가 상황에 압도당하고 또 다른 스트레스를 받을 수 있습니다. '선택의 기술'은 상황과 아이의 반응에 따라 적절히 이용해 주는 것이 좋습니다.

2. 아이의 놀이 활동은 준비, 놀이, 정리 세 가지가 통합되어 하나입니다. 아이를 이 세 가지 영역에 모두 동참하고 관여할 수 있게 해 줍니다.

3. 아이의 거부, 반항 등 싫다는 반응은 당연합니다. 당황하거나 스트레스 받지 않고 시간을 오 분, 십 분 더 주거나 아이가 선택할 수 있는 것이 무엇인지 생각해 보고 물어봐주면서 아이가 스스로 원하기 때문에, 준비되었기 때문에 한다는 기분을 가질 수 있도록 유도합니다.

노는데 방해해서 미안해.
이제 정리해야 할 시간이야.

아이를 칭찬할 때

아이를 칭찬할 때는 아이가 하는 활동의 진행 과정에 중점을 두어 묘사하듯 칭찬하는 것이 핵심입니다.

아이에게 '잘했다', '멋있다'라는 간단한 말을 넘어서서 보다 풍부하고 건설적인 반응으로 아이의 성장을 바라볼 수 있는 표현엔 어떤 것이 있을까요. 더욱 건강하고 권장되는 표현이 있다면 그것은 다음과 같습니다.

Ingredients

1. 우리가 평가, 판단해야 할 일이 있다면 그것은 일어난 일이나 사람의 '행동'에 있지 사람 자체에 있지 않습니다. 의미 있는 순간을 포착해 내어 당신이 보고 있는 것을 있는 그대로 묘사해 주세요.

심심해하더니, 이렇게 그림을 그리고 있구나.

색을 많이 쓰고 있네. 다양하게~

노란색, 초록색, 빨간색… 다채롭다.

찬찬하게 집중하고 있구나.

점프가 높다!

힘이 세 보인다.

이제 여기까지 닿는구나. 지안이 손이~ (지안이가 정말 무럭무럭 자라고 있구나).

도움 없이 혼자 했네.

포기하지 않고 끝까지 다 했네.

다른 친구들이랑 같이 도와 가면서 놀고 있구나.

엄마 청소하는 거 도와주는구나(고마워).

수건을 걸고 있구나.

엄마를 위해 문을 잡아 주고 있구나.

차분히 / 열심히 / 오랫동안 조용히 / 끈기 있게 / 기다리고 있구나.

장난감 부지런히 / 스스로 / 알아서 / 혼자서 정리하고 있네~

새로 해 보는 거구나!

해냈네!

2. 긍정적인 반응을 보여줍니다.

서 가지 색을 섞어서 하다니, 그거 참 창조적이다! / 그거 참 기발한 생각(방법)이야!

('넌 참 창조적이구나!'라는 말보다는 그 순간 해낸 생각이 창조적이라는 표현을 합니다.)

둘이 서로 도와서 하나의 성을 만들었다니, 인상적이다.
(내 생각엔), 그거 참 멋진 / 현명한 / 흥미로운 / 색다른 / 재밌는 방법 / 생각이다.

* 우리의 주관적인 관점을 드러낼 때 '내 생각엔', '내가 보기에' 등과 같이 우리의 생각이나 의견이라는 표현을 넣어주면, 아이에게 우리 개개인의 판단은 절대적인 것 아니라 주관적인 개인의 견해라는 것을 자연스럽게 알게 할 수 있습니다. 예를 들어, 아이의 작품에 대한 의견은 사람마다 다를 수 있다는 의미를 포함하는 것입니다.

3. Self-assessment & Self-reflective questions: 아이가 자신이 한 일에 대해 생각해 볼 수 있게 물어봐 줍니다.

지안이가 지금 그린 거 / 만든 거 어떻게 생각해?
아까 지안이가 친구 도시락 뚜껑 여는 거 도와주더라. 그때 지안이 기분이 어땠어?
이런 생각 어떻게 했어?

4. 아이가 이뤄낸 성과물이나 결과물도 좋지만 그것을 이룬 과정에 보다 중점을 둡니다.

아이를 칭찬하고자 할 때 우리가 보아야 할 것들은 다음과 같습니다(너무 흔한 단어들이라고 무심코 흘려 지나갈 수도 있지만, 이 기회에 우리 아이가 다음의 가치를 어떻게 표현하고 경험하고 있는지, 나는 얼마나 이를 알아봐주고 표현해 주고 있는지 머릿속으로 떠올려 가며 읽어보세요).

아이의 동기, 생각, 계획, 의도, 노력, 새로운 시도,
다른 사람과의 협동과 조화, 책임감, 진취적인 행동, 사랑,
감사, 사과, 용서, 이해심, 동정심, 기지, 재치, 정직함, 꾸준함,
끈기, 인내심, 상황을 보는 관점, 태도, 접근법, 모험심,
탐험심, 용기, 실험 정신, 표현력, 관찰력, 호기심……

위의 가치들에 중점을 두면 실패나 실수에 대해 아이가 크게 실망하거나 좌절하지 않게 도와주고 격려와 응원을 해 줄 수 있습니다.

예를 들어, 아이가 밥상을 차리는 것을 도와주려다가 컵을 깨뜨렸더라도 도와주고 싶다는 아이의 마음(아이의 의도, 동기)을 알아주고 칭찬해 주는 것입니다.

컵이 깨졌네! 다치지 않았어?

지안이가 상 차리는 거 도와주고 싶었구나. 고마워.

5. 아이의 성장과 발달 과정에서 중요한 순간을 포착해 내는 우리의 관심과 성의 있는 칭찬은 보통의 듣기 좋은 달콤한 칭찬과 다릅니다. 건설적인 칭찬은, 아이가 성장하면서 보다 큰 세상을 경험하고 알아가면서, (다른 사람의 칭찬과 인정받기 위해 행동하기보다) 무엇이 자신이 정말 원하는 것인지, 무엇에게 스스로에게 원동력이 되는지 탐색할 수 있게 이끌어 줍니다.

우리의 건강한 칭찬과 반응을 받은 아이는 훗날 자신이 스스로 필요하기 때문에 움직입니다. 엄마 아빠 혹은 주변으로부터의 더 큰 관심을 받기 위해서가 아니라 자신이 스스로 원하기 때문에 시도하고 노력하고자 합니다.

6. 아이의 성장발달이 뚜렷이 드러나지 않는 매일의 무던한 삶 속에서도 우리의 아이는 끊임없이 변화하고 성장하고 있습니다. 특별할 것이 없는 평범한 어제 오늘의 시간 속에서도, 아이의 의미 있는 순간을 알아봐 주고 소중한 순간을 함께 나누어 주세요. 비록 그것이 당연한 것일지라도, 아이가 성취감을 느낄 수 있도록 아이가 만들어낸 크고 작은 성과와 실패를 의미 있고 소중하게 보아 줍니다(아이가 이미 익숙해져서 잘하는 것을 매번 칭찬하여 강조할 필요는 없습니다). 매사에 '최고다', '잘한다'는 극적인 칭찬을 해야 한다는 뜻이 아닙니다. 기억하고 싶은 순간이나 의미 있는 발전은 사진을 찍거나,

하이파이브, 포옹, 윙크, 엄지손가락 세우기, 박수 등 당신이 느끼는 편하고 자연스러운 방식으로 아이와 함께 축하합니다. 실패나 실수도 배움과 성장의 일부로 소중하며, 자잘한 작은 성공 또한 더 큰 목표를 향한 자신감의 발판이 됩니다. 아이가 강한 동기부여와 용기를 느끼며 자신의 영역(안전지대)을 벗어나 한 단계 더 발전하는 힘을 받게 됩니다.

7. 여기, 아이의 내면에 건강한 씨를 뿌려주는 표현들이 있습니다.

앗! 어제보다 양말을 잘 신는구나.
그동안 연습을 많이 했나 봐.
지안이 무럭무럭 크고 있구나.
지안이 열심히 배우고 있구나.
포기하지 않고 하고 있구나. 그래. 그게 중요한 거야.
조금 더 하면 할 수 있겠는걸!
거의 다 했네!
새로운 시도다. 용감한 일이야!

아이가 골고루 먹게 응원해 주는 법

Ingredients

엄마는 오이를 좋아해. 음~ 시원하다. 아삭거리고. 지안이도 먹어보고 느낌이 어떤지 말해 봐~

(음식에 있어서는 무엇보다 롤 모델링이 가장 중요합니다. 여러 가지 채소를 잘 먹는 모습을 자주, 자연스럽게 보여 주세요.)

브로콜리를 잘 먹으면 다리가 튼튼해져. 지안이 점프 좋아하지? 브로콜리 먹으면 점프도 더 높이 뛸 수 있어.

(아이가 근래에 흥미를 보이는 신체활동이나 놀이를 언급하여 긍정

적인 자극을 줍니다.)

브로콜리 두 개는 너무 많아? 그럼 하나는 어때?
(양을 아이 스스로 조절하고 선택하게 해 줍니다.)

지안이가 먹기 싫어하는 것도 있고 좋아하는 것도 있는 거 알
아. 엄마도 이해해. 엄마는 어렸을 때 엄청 골고루 잘 먹었어.
그래서 이렇게 키도 크고 무럭무럭 잘 자랄 수 있었어.
(아이의 음식 기호를 존중해 주는 모습을 보여줍니다. 그러나 고른
음식 섭취는 매우 중요한 만큼 너무 강요하지는 않되 우리의 어린 시절
경험 등을 활용하여 적극적으로 권장합니다.)

지금 밥을 먹어야 이따 친구 만나서 놀 기운이 생겨. 밥을 안
먹으면 힘이 없어서 제대로 놀 수가 없어. 지금 밥을 먹어야
힘이 나서 이따 신나게 놀 수 있어.
(밥을 먹지 않으면 자연적으로 따라오는 결과가 있습니다. 바로 허
기진 배, 처지는 기분과 쉽게 나는 짜증이지요. 이런 것에 대한 정보를
주어 아이가 자신의 선택이 가져올 결과를 '생각해 볼 수 있는 기회'를
갖게 합니다.)

지금 별로 배가 고프지 않은 모양이로구나. 그럼 얼마만큼 먹을 수 있겠어? 지안이가 얼마만큼 먹을 수 있는지 정해 봐. 이거 반만 먹을래? 아님 두 숟갈?

(식사시간에 아이가 입맛이 없거나 배가 그다지 고프지 않을 때가 있습니다. 이럴 땐 자신이 먹을 수 있는 양을 아이 스스로 정하게 해봅니다. 아이가 자신이 먹어야 할 양, 먹을 수 있는 양을 정하게 하는 것입니다. 아이는 '자신이 스스로 정한 규칙'이 있을 때는 이를 지키려고 노력합니다. 아이를 믿고 아이에게 자신의 한계를 스스로 세팅하게 함으로써 자신의 역량과 성장을 자주적으로 넓힐 수 있는 기회를 갖게 합니다.)

Tips

1. 가공식품 – 세 살 전에 가공식품을 되도록 멀리 하는 것은 매우 중요합니다. 아기용으로 나온 유기농 식품일지라도 가공처리된 것은 자연식품보다 맛과 식감이 유혹적입니다.

향신료 – 우리는 아이의 식감과 입맛을 자극시키는 다양한 재료를 사용하여 건강하면서도 맛있는 음식을 아이와 함께 즐길 수 있습니다. 서양의 영양학자들은 레몬, 라임 등의 신 맛이나 로즈마리나 코리엔더 등 각종 허브와 이국적인 양념(매운 것 제외)을 이유식 완료기 이후부터 살짝 소개해 주기 시작하는 것은 설탕과 소금을 덜 쓰고도 음식의 맛을 향상시킬 수 있으며 아이가 섬세한 미각을 자극받게 되고 이는 두뇌 발달에도 도움이 되기 때문이라고 말합니다. 그러나 이러한 '자연이 주는 특별한 소스나 양념'은 식단에 활력을 불어 넣는 의미로 가끔 쓰는 것이 좋습니다. 아이가 너무 시거나 자극적인 맛에 지나치게 익숙해지면 양배추, 브로콜리 등 채소 본연이 주는 맛은 심심하고 재미없다고 느끼면서 점차 거부하게 될 수도 있기 때문입니다.

주식으로는 잘 불려서 부드럽게 쪄진 현미잡곡밥과 간식으로는 당근이나 오이 스틱, 양배추, 브로콜리, 감자, 고구마, 파프리카 등을 권합니다. 사과, 바나나, 수박처럼 당분이 높은 과일이나 너무 고소한 맛이 나는, 예를 들어 참기름 같은 것도 가끔 주거나, 천천히 소개해 주거나, 양을 적당히 조절하는 것이 좋습니다.

『다시 쓰는 이유식』의 저자 김수현 소장은 고기도 최대한 늦게 소개해 주는 것이 아이의 건강과 식습관에 좋다고 강조하기도 합니다. 사실 식생활과 먹거리에 대해서는 분야별 전문가의 개인의 철학에 따라 의견 차이가 많이 납니다. 우리가 기억해야 할 핵심은 '자연이 주는 심심하고 담백한, 자연 고유의 맛과 개성을 아이가 탐험할 수 있는 경험을 어려서부터 다양하게 제공해 주는 것이 좋다는 것'입니다.

2. 몸을 많이 움직이는 활동적인 놀이는 배고픔과 식욕을 돋우어 줍니다.

3. 아이가 먹을 수 있는 양은 생각보다 적습니다. 아이 위의 크기는 아이 자신의 주먹과 비슷한 크기입니다. 밥의 양보다는 단백질, 지방(필수지방산), 탄수화물은 물론 비타민과 미네랄이 고려된 다양한 맛과 영양의 식단에 더욱 중점을 둡니다.

4. 규칙적인 생활은 아이의 식욕에 매우 중요합니다. 어른도 늦잠을 자거나 너무 일찍 일어났을 때는 입맛이 없습니다. 가능하다면 아이가 늘 정해진 시간에 잠을 자고 밥을 먹게 도와주세요. 식사 시간뿐만 아니라 수면시간도 아이의 식욕에 영향을 많이 줍니다. 불규칙한 잠자리 시간이나 기상시간은 아이의 짜증을 늘게 할 수 있고 식욕을 저해합니다.

5. 아이가 밥을 거부하고 간식만 원할 때는 밥 먹는 시간을 정해놓고 치울 시간이 되면 권하기를 멈추고 식사를 마무리 합니다. 예를 들어 30~40분으로 정해 놓고 시간이 되면 과감하게 숟가락을 놓고 식탁에서 일어나게 해야 합니다. 밥을 먹지 않아서 영양이 부족할까 봐 간식을 먹는 시간에 간식의 종류와 양을 늘리고 싶겠지만 그것은 오히려 올바른 식습관에 방해가 됩니다. 물은 하루 동안 전체적으로 충분히 섭취하게 하고 간식은 평소대로 늘 먹던 양만큼 줍니다. 아이가 한두 끼 거르는 것을 너무 걱정하지 않아도 됩니다. 먹지 않으면 배가 고파지는 것도 자연스러운 현상이며 이 또한 아이에게는 중요한 경험이 됩니다.

6. 식사와 간식 시간 간격을 일정하게 그리고 되도록 규칙적으로 해 줍니다. 정해진 시간에 식사와 간식을 먹고 그 시간 외에는 되도록 물 외에는 아무것도 주지 않습니다. 예를 들어 식사가 끝나면 3시간 후에 간식 시간, 간식 시간이 끝나면 2시간 뒤를 식사 시간으로 합니다. 즉 먹을 때는 먹고 놀 때는 놀게 하는 것입니다. 아이가 공복상태를 느낄 수 있게 시간적 여유를 두면 아이가 배고픔을 느끼고 이를 표현하는 기회를 가질 수 있습니다. 어려서부터 규칙적으로 식사하는 습관을 들인 아이는 커가면서도 식사 시간과 간식의 종류와 양에 융통성을 두어 변화를 주어도 밥을 잘 먹습니다.

7. 요리하는 책이나 여러 가지 건강한 음식이 나오는 책을 함께 보며 얘기합니다.

8. 요리하는 과정에 아이가 참여할 수 있게 합니다. 각종 순수한 자연의 재료들을 함께 사고, 요리하며 조리 시 만져보고 냄새 맡고 조금씩 맛볼 수 있게 합니다.

9. 자연스럽게 다양한 채소와 과일 곡식과 음식 종류를 놀이에 노출시켜 줍니다. 예를 들어 카드를 만들어서 그림 뒤에 이름을 써놓고 알아맞히기 놀이를 합니다.

10. 식탁에 앉은 가족 구성원들이 다 같이 잘 먹는 모습을 보

여주는 것이 가장 효과적입니다. 아이에게 집중하여 잘 먹이겠다는 의지로 당신의 식사는 거르거나 대충 때우지 마시고 아이와 함께 맛있게 드시는 것이 좋습니다. 당신이 맛있게 잘 먹는 모습을 아이가 보고 배우게 됩니다. 평소 밥을 잘 안 먹던 아이가 어느 날 잘 먹으면 그렇게 기쁠 수가 없습니다. 그러나 극적으로 칭찬하거나 좋아하는 모습을 보여줄 필요는 없습니다. 자신이 배가 고파서 잘 먹은 것이기 때문입니다. '밥그릇을 다 비웠구나.', '배가 고팠구나. 다 먹었네.'라고 말해주고 그저 흐뭇한 표정으로 바라봐 주는 것으로 충분합니다.

밥을 골고루 잘 먹는 아이를 초대하여 함께 식사하는 자리를 만들어 보는 것Peer role-modelling도 건강한 자극이 될 수 있습니다(단, 아이들끼리의 경쟁을 유도하거나 비교를 하거나 잘 먹는 아이를 너무 칭찬하는 등 조급한 모습을 보이지 않도록 주의합니다).

11. 아이들은 급성장기에 식욕이 늘고 먹는 양이 늘고 성장정체기에는 먹는 양도 줄고 밥을 거부하기도 합니다. 잘 먹던 아이가 갑자기 음식을 거부하면 몸 어딘가 아프거나 불편해서일 수도 있지만 다른 증상이 보이지 않는다면 아이가 성장정체기는 아닌지 생각해볼 수 있습니다. 그 시기는 이유식 완료기, 2살, 혹은 3살에 오기도 하고 아이마다 다릅니다. 정해진 때가 있기보다는 아이의 건강상태나 몸의 발육상태에 따라 모두 다르게 나타납니다.

12. 사실 가장 중요한 것은 우리의 마음을 편안하게 갖는 것입니다. 사실 아이가 잘 안 먹는 것처럼 스트레스 받고 신경 쓰이는 일은 아마 없을 것입니다. 잘 안 크면 어쩌나 면역력이 떨어져서 아프면 어쩌나 걱정이 됩니다. 그럴수록 인내심을 갖고 아이를 지켜봐 주는 것이 필요합니다. 여러 가지 노력과 시도를 해봤을 우리 자신에게 인정과 칭찬도 해 줍니다. 아이는 자신의 영역에서, 자신의 속도와 방식으로 배우며 커가고 있습니다. 아이가 한 단계 더 나아가 성장하면서 스스로 의미 있는 변화를 보이기까지, 아이를 믿고 기다려주세요.

13. 아이가 매끼 반복되는 심심한 식사 시간에 지루해한다면 색다른 변화를 주는 것도 좋습니다. 다른 조리법, 요리법, 재료의 크기, 다른 색감이나 식감을 시도해 봅니다. 밥그릇이나 물 컵의 색, 모양, 질감, 크기 등에 변화를 주어도 좋고, 먹는 장소를 살짝 바꾸어 소풍을 가거나 거실에 돗자리를 깔고 먹어도 재미있는 식사 시간이 될 수 있습니다. 아이의 밥상의 위치를 바꾸어 창문 쪽으로 해 놓는 등 색다른 풍경을 보며 먹는 등 식사 시간을 다채롭고 즐겁게 만들어 줍니다.

지금 밥을 먹어야 이따 친구 만나서 놀 기운이 생겨.
지금 밥을 먹어야 이따 신나게 놀 수 있어.

아이가 당신의 말에
집중하길 바랄 때

아이에게 진지하고 단호하게 말을 하는데 아이가 우리의 말을 듣지 않고 딴청을 피우거나 장난칠 때가 있습니다. 침착하게 메시지를 전하다가도 이런 모습을 보면 기분이 안 좋아지고 갑자기 화가 나기도 합니다. 이런 상황에서 기억하고 있으면 좋을 몇 가지 재료가 있습니다.

Ingredients

지안아, 잘못했을 땐 '미안해.'라고 하는 거야.

(상황에 어떻게 반응할지 모르거나, 무슨 말을 해야 할지 모르거나, 알아도 그것이 내키지 않을 때 아이는 상황을 피하거나 빨리 끝내고 싶어 합니다. 이러한 아이의 마음을 이해하고, 아이가 배웠으면 하는 적절한 매너 – 사과를 하거나 고맙다고 하는 등 – 에 대해 간결하고 정확하게 알려주도록 합니다.)

지안아, 엄마가 말을 할 때는 엄마 눈을 보세요.

(눈을 마주치고 말을 나누는 것은 중요합니다. 혹시나 아이가 진지하고 단호한 당신의 태도에 자신이 지금 혼이 나는 것은 아닌지 걱정을 하고 있더라도 당신의 부드럽고 편안한 눈빛을 보면 협조적이 되고 불안한 마음이 안정됩니다.)

엄마가 지금 말하는 거 중요한 거야. 지안이가 잘 듣고 배우라고 엄마가 이렇게 진지하게 말하고 있는 거야.

(이 말은 사실 아이보다 우리 자신에게 더욱 도움이 되고 필요한 말입니다. 당신의 지금 모습에 대한 정당한 이유가 있고 스스로 확신이 있을 때 – 자기 합리화를 위한 변명이나 핑계를 찾으라는 것이 아닙니다. – 아이의 반응에 흔들리지 않고 소신껏 필요한 메시지를 전달할 수 있습니다.)

Tips

1. 가르침은 짧고 간결하게 합니다. 필요한 표현은 서너 마디에서 마치고 길게 설명해야 할 것은 두세 문장으로 줄여서 말합니다. 말이 길어지는 것은 우리와 아이 모두를 지치게 합니다. 그리고 이것이 자주 반복될 경우 아이는 우리의 말에 중요성을 두지 않고 들으려 하지 않게 됩니다.

우리는 우리가 하고 있는 말이 무엇인지, 아이에게 하고자 하는 말이 무엇인지 분명히 알고 있어야 합니다.

이것은 단호하고 진지하게 말하는 것과는 조금 다른 부분입니다. 우리가 주려고 하는 메시지가 무엇인지, 그리고 그것이 우리의 입장에서 그리고 아이의 입장에서도 설득력이 있는지 스스로 분명히 알고 있을 때 아이는 더욱 협조합니다. 우리의 메시지(아이에게 무엇을 알리고자 하는지)와 이를 전달하는 방식이(말투, 어감, 태도) 우리의 의도(우리가 궁극적으로 이러한 메시지와 전달방식을 통해 원하고 바라는 것)와 일치하고 서로 조화롭게 어우러질 때 우리의 목소리에는 강한 설득력이 생깁니다.

2. 아이를 존중하는 모습을 '적극적으로' 보여줍니다. 우리는 마음속으로는 한없이 아이를 사랑하고 존중하지만 밖으로 표현되는 것은 충분하지 못할 때가 많습니다. 아이가 어릴수록, 우리가 주고 싶은 메시지는(우리가 선택한 단어도 중요하지만) 우리가 선택한 전달

방법 – 목소리, 표정, 억양, 손길, 몸의 자세 – 을 통해 아이의 마음속에 각인됩니다. 나아가, 아이를 존중하는 태도와 모습을 보여주는 것은 아이만을 위해서가 아닙니다. 우리가 하는 말은 아이보다 우리의 머릿속에서 먼저 들리게 됩니다. 당신이 하는 말을 제일 먼저 듣게 될 당신 자신을 존중해 주세요.

3. 많은 지적을 줄여 주세요. 아이가 혼자서 할 수 있는 일이 많아져도 아이가 배우고 알았으면 하는 부분은 더 많아지지 줄어들지는 않습니다. 아이가 커갈수록 우리도 모르게 사소한 지적이 많아집니다. 이는 아이에게 스트레스를 주고 뜻하지 않은 곳에서 반항과 거부를 하게 합니다. 어느 날 한번쯤, 당신이 아이에게 하는 말이 주로 무엇인지 당신의 목소리에 귀 기울여 주세요.

4. 삶을 바라보는 관점, 철학, 일어나는 일들과 주변에 반응하는 우리의 태도는 일상에서 행동과 말 속에 녹아 있고 이는 아이에게 큰 영향을 줍니다. 아이가 우리의 말을 무시하거나 집중하지 않거나 도망가거나 무관심으로 일관하는 등 듣는 태도가 성실하지 못하다면 그러한 상황에 반응하는 우리의 태도는 어떤지 더욱 관심을 갖고 관리해 주어야 합니다.

5. 아이가 당신의 말을 듣지 않는 것은 당신을 무시해서가 아닙니다. 당신이 권위가 없고 스스로를 자책할 만큼 설득력이 없거나 부모 자질이 없어서도 아닙니다. 아이는 어색하거나, 부끄럽거나,

창피하거나, 어떻게 행동해야 할지 혼란스럽거나(내키지 않거나), 너무 피곤하거나, 낯설거나, 자기 입장에서 다른 더 중요한 일에 집중하고 싶거나, 자신의 내면을 다른 무언가가 온통 차지하고 있을 때 어른의 간섭이나 관심으로부터 도망가고 싶어집니다. 다른 말을 하게 되고, 관심을 다른 곳으로 돌리려 한다거나, 다른 곳을 쳐다보거나, 웃어넘기려 하거나, 오히려 화를 내는 등의 반응을 보일 수 있습니다.

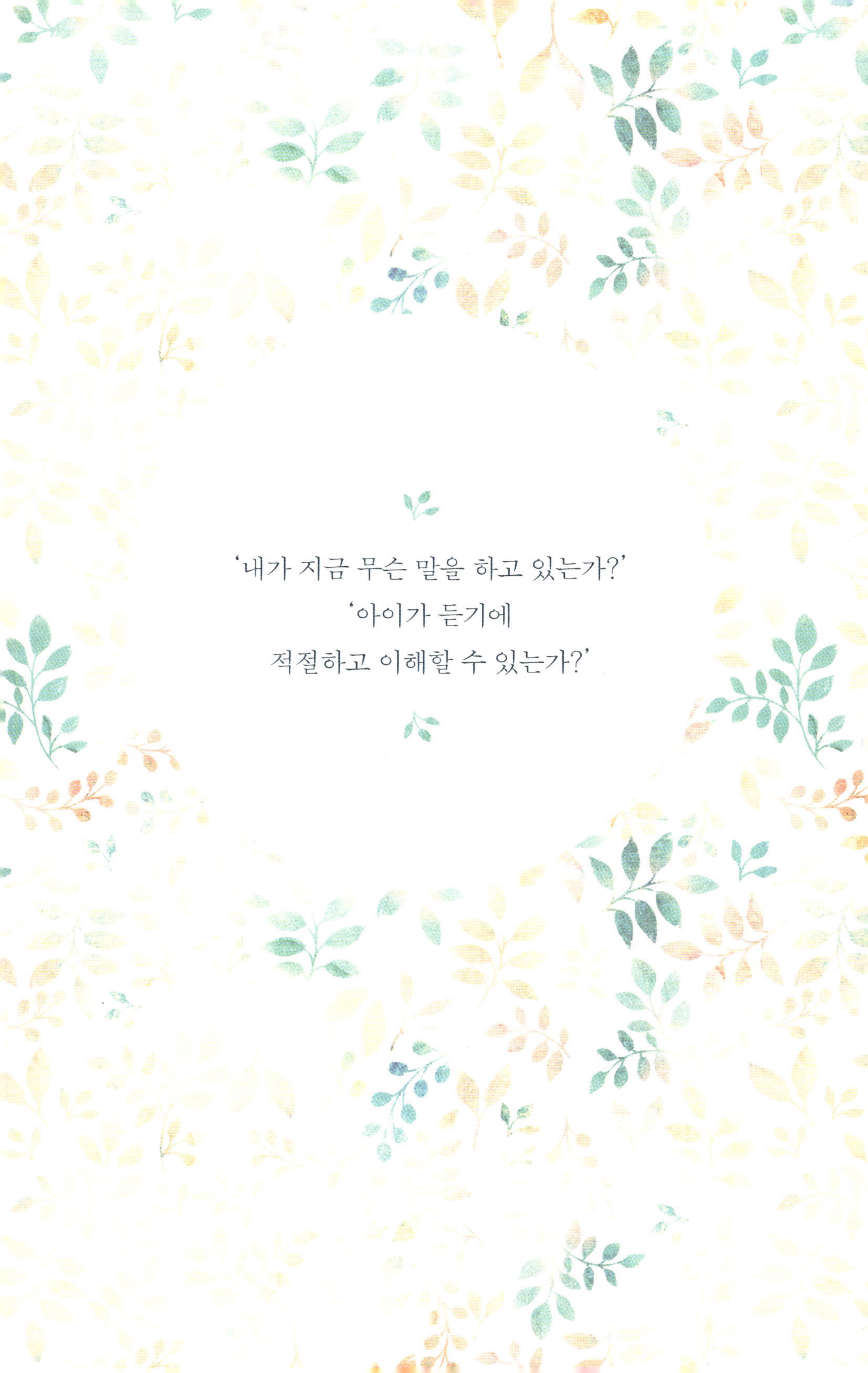

‘내가 지금 무슨 말을 하고 있는가?’
‘아이가 듣기에
적절하고 이해할 수 있는가?’

아이의 끊임없는 질문에 대응하기

아이는 호기심이 왕성하여 질문을 많이 합니다. 답하기 곤란하거나 어려운 질문은 물론이고 반복되는 같은 질문도 많습니다. 정말 모를 때도 있고, 설명하기 어려울 때도 있고, 밑천이 떨어진 것처럼 나중엔 답할 것이 마땅히 떠오르지 않아서 답답하기도 합니다. 쏟아지는 아이의 질문에 우린 어떻게 대처할 수 있을까요.

Ingredients

글쎄… 지안이는 어떻게 생각해?

(아이의 생각을 물어봐 줍니다. 아이가 스스로 생각해 볼 수 있는 기회를 줍니다.)

아이: 엄마, 나무는 왜 나무야?

엄마: 나무가 나무야? 나무가 왜 나무일까?

(아이의 질문을 반복하여 그대로 되물어 줍니다. 흥미를 갖고 아이가 시도한 대화에 동참합니다. 아이의 생각을 들어볼 수 있고 대화를 다른 부분으로 연결, 확장시킬 수 있습니다.)

그러게… 과연 그게 왜 그럴까? 엄마도 궁금하네…….

(답을 찾는 것도 좋지만 호기심 자체를 공유하는 것도 좋습니다.)

어떻게 하면 알 수 있을까? / 할 수 있을까?

지안이 좋은 생각 있어?

그러게. 정말 그렇네. 왜 그럴까. 같이 생각해 보자.

(함께 해결 방법을 찾자고 제안합니다.)

글쎄, 엄마도 잘 모르겠다. 그걸 알 수 있는 방법이 있을 텐데.

무엇을 찾아볼까? 누구한테 물어볼까?

(모르는 것에 대해선 모른다고 합니다. 알고 모르고가 중요한 것이 아니라, 모름을 인정하는 솔직한 모습과 그것을 해결하고자 하는 적극적인 태도가 중요합니다.)

1. 아이는 정말 궁금해서일 때도 있지만 자신의 생각을 말하고 싶어서 물어볼 때가 있습니다. 그럴 땐 아이의 질문을 똑같이 그대로 아이에게 되물어봐 줍니다.

2. 우리는 모든 것을 다 알 수가 없고 모든 것을 다 알 필요도 없습니다. 모르는 것에 대해 당혹스러워하거나 답답해하지 않고 모르는 것은 함께 찾아보고 생각해 보고 얘기하는 것으로 대화를 이끌어주면 됩니다. 오히려 아이에게 열린 질문('누가, 언제, 어디서, 왜, 어떻게, 무엇' 등으로 시작하는 질문)을 하여 아이의 생각을 들어주고 '지안인 그렇게 생각하는구나!', '지안인 그게 궁금하구나!'라고 호응해 주어 아이가 자신이 보는 세계를 스스로 흥미롭게 탐험하게 합니다.

3. 아이는 당신의 관심이나 집중이 필요할 때 질문하기도 합니다. '엄마, 나 좀 보세요.', '엄마, 내 말 좀 들어봐요.'라는 말의 다른 표현인 것입니다.

4. 답 자체보다 더 중요한 것은 질문에 반응하는 우리의 모습입니다. 아이의 탐구력, 관찰력, 문제해결력을 가장 크게 자극시키는 것은 세상에 대한(아이의 질문의 대한) 우리의 태도입니다. '엄마, 여기에 왜 개미가 있어?'라고 물으면(개미가 있는 이유를 얘기해 주는 것은 좋겠지만 다른 식으로 접근하고자 할 때는) '오! 여기에 개미가 있네!'라고 함께 알아차려 주거나 '여기에 있는 작은 개미를 지안이가 보았네!'라고 아이의 관찰력을 인정해 주거나 '왜 있을까?'라고 함께 궁금해하며 관심을 보여 줍니다.

이제 그만, 짐을 내려놓기

육아를 할 때 우리 자신에게
현실적인 기대치를 갖는 것은 매우 중요합니다.

우리는 그동안 아이를 바라보는 기준이 너무 높을 때
아이 개인의 성장 발달 단계를
고려하고 존중하자고 기억하고 다짐해왔습니다.
그러나 이젠 혹시 우리 스스로에게
부모로서의 너무 많은 짐, 역할, 기대와 바람을
갖고 있는 것은 아닌지 되돌아보아야 합니다.

아이는 우리의 몸과 마음이 온전히 옆에 있을 때
그 자체로 완전함을 느낍니다.

혹시 우리에게 바라는 것이 많은 사람은 아이가 아니라
무엇인가를 해야 한다는 생각에 사로잡힌
우리 자신은 아닌지 생각해 보아야 합니다.

당신의 노력, 마음가짐, 아이를 위해 하는 일상 속의 자잘한 일들.
다른 누군가가 아닌 당신 자신이
'그래도 이 정도면 꽤 괜찮은' 부모라고 스스로를 인정해 주세요.
잘하고 있다고 믿음을 갖고 정신적인 여유를 갖도록 허락해 주세요.

한번쯤, 자신에게 말해 봅니다.

'내가 나에게 너무 많은 걸 요구하고 있나.
어쩌면 이 정도도 괜찮은 걸지도 몰라.'
'그래. 이렇게 하나둘 배워 가는 거지.
나도 내 안에 내가 가진 부모의 모습에 대해
알아 가고 있는 중이야.'

우리는 아이가 아이답게 행동하는 것을 자연스럽게 보아 줍니다.
아이들은 실수가 많고 그것을 통해 배웁니다.
아이들은 작은 어려움들을 겪어 나가며 안팎으로 성장합니다.
그리고 우린 이를 건강하다고 생각합니다.

이제, 당신 자신에게도
건강한 배움과 성장을 허락해 주세요.

아이가 성장 발달 단계를 하나둘 밟듯
나 여기서 멈추어 있지 않고
아이와 함께 내면이 성장하기를.
아이가 자신의 실패와 잘못에 좌절하지 않고
극복하길 바라듯
나 또한 힘듦과 어려움에 지나치게 낙담하지 않고
포용할 수 있는 힘을 내 안에서 찾아내기를.
아이가 자신의 잠재력과 가능성을 알고
사용할 수 있기를 바라듯
육아를 통해,
나 또한 그것을 찾아가는 과정에 있기를.

아이가 당신의 부탁이나 요구를 거절할 때

아이가 자신이 해야 할 일이나 우리의 제안을 거절할 때가 있습니다. 처음엔 잘 타이르다가도 나중엔 할 말이 없어지고 똑같은 말을 하기도 지칩니다. 그러다 언성을 높여 다그치면 아이가 그 순간 말을 듣긴 들으니 자꾸 말은 짧아지고, 점점 간단하게 명령하고픈 유혹도 생깁니다. 아이의 거절에 흔들리지 말고, 여러 가지 접근법과 표현으로 장전하여 다양하게 활용해 보세요.

Ingredients

지안아, 잘 놀고 있는데 방해해서 미안해. 이제 점심시간이야. 점심 준비가 다 되었어. 여기에 지안이가 하던 거 그대로 두고 밥 먹고 와서 계속 하자.

(아이의 놀이나 아이가 하고 있는 일을 무시하지 않고 중요하게 생각해 줍니다.)

미안해 지안아, 이제 우리 지금 갈 시간이야. 엄마도 더 있고
싶다.

(물리적으로 어쩔 수 없는 상황에 함께 있음을 공유하고 공감해 줍
니다.)

지안아, 우리 5분 뒤에 집에 가요.

지안이 시간이 더 필요하구나. 그럼 마무리 할 수 있게 5분 줄
게요.

(시간을 미리 알려주어 아이 스스로 준비할 수 있게 합니다.)

지안이 열심히 하고 있구나. 지안이 그거 끝나는 대로 집에
가자. 얼마나 더 해야 끝날 것 같아?

(아이가 상황을 스스로 만들 수 있는 여지를 주면 삶에 대한 주인의
식이 성장합니다.)

지안아, 지안이가 계속 하고 싶어 하는 거 알아. 응, 엄마도 알
고 있어… 미안해. 우린 지금 가야 할 시간이야.

(아이의 기분과 감정을 헤아려 줍니다.)

지안이가 하기 싫어하는 거 알아. 해야 할 일들은 좋고 싫고 상관없어. 엄마도 지금 놀고 싶지만 설거지를 하고 있단다. 내가 해야 할 일이기 때문이야.

(사실 설거지는 미루었다 나중에 해도 되는 것이겠지요. 여기서 포인트는 아이의 상황을 당신의 경험에 비추어 공감해 준다는 것입니다.)

지안아, 괜찮아? 위험해 보이는데…….

(아이가 무엇인가를 시도할 때 무조건 위험하다고 안 된다고 할 것이 아니라, 적당한 선 안에서는, 아이가 자신의 안전에 대해 확신이 있는지 스스로 상황과 자신의 상태를 파악할 수 있게 물어봐 줍니다.)

Tips

1. 우리는 아이가 우리의 말을 항상 잘 들어야 한다고 기대하지 않습니다. 아마도 우리는 점차 아이의 거절에 익숙해져야 할 것입니다. 우리는 아이가 클수록 스스로 자기 할 일 잘하고, 상황을 파악하고 인지하는 능력이 자라나면서 우리의 말을 이해하여 그 뜻에 잘 따라주길 바라지만, 오히려 아이는 스스로 할 수 있는 것이 많아지고, 자신의 주관과 고집, 생각이 커질수록 스스로 판단하고 선택하고 싶어지고 자신의 결정에 대해 단호해집니다. 이제 막 두 살이 된 아이도 자신이 아기와 다르다고 말하고 나름 컸다고 생각

합니다.

아이가 어려서부터 지금의 펼쳐진 상황과 앞으로 일어날 일(예를 들어 내일 누구를 만나고 어디에 갈 것인지) 등에 대한 정보를 아이와 함께 공유하도록 합니다. 이는 아이가 자신의 방식으로 마음의 준비를 할 수 있게 하고 가족의 일원으로 인정받고 있다고 느끼게 합니다. 아이는 자신이 존중받고 있고 이해된다고 느낄 때 보다 더 협조하려고 합니다. 아이가 자신이 속한 가족의 일원으로서 나이는 비록 어리더라도 당당히 자신의 목소리를 낼 수 있고, 하나의 인격체로서 존중받는 환경에서 자라는 것은 매우 중요합니다. 아이의 소속감Sense of belonging이 성장할 수 있고 이는 나아가 유치원, 학교, 직장생활 등을 포함한 단체 활동, 사회생활에 필요한 대인관계 스킬, 사회감정 영역이 발달하는 데에도 더없이 중요한 바탕이 됩니다.

2. 우리는 우리 머릿속에 앞으로 일어날 일, 해야 할 일, 필요한 일, 가야 할 곳, 만나야 할 사람, 살펴보아야 할 것들 등 주변에 대한 정보가 있지만 아이는 없습니다. 아이는 자기 자신의 세계에 그리고 오직 현재에 온전히 집중하고 있기 때문입니다. 아이가 우리의 요구나 부탁이나 자신이 마땅히 스스로 해야 할 일을 하기 싫다고 할 때도 그 이유를 헤아리고(이것이 아무 이유 없는, 아이의 단순한 귀찮음이나 하기 싫음일지라도) 이를 존중해야 합니다. 존중한다는 것이 꼭 아이의 말과 뜻대로 해야 한다는 의미는 아닙니다. 그 마음을 공감해주고 포용한다는 뜻입니다.

아이가 평소엔 자신의 할 일을 잘해 왔고 협조적이었는데 어느 날 평소와 다르게 아이가 우리의 부탁을 거절하고 그동안 잘해 오던 것을 거부할 때가 있습니다. 이는 우리가 조금만 생각해 보면 알 수 있듯이, 아이가 내면의 불편한 감정이 예상치 못하게 튀어나온 것일 수도 있습니다. 그러나 때로는 그것이 우리와 직접적으로 관련되었다기보다 아이 자신과 관계가 있을 때도 많습니다. 즉, 아이의 모든 반응에 대한 근본적인 자극제가 외부, 특히 우리(내가 무엇을 잘못하고 있는지, 나와 아이의 관계에 문제가 있는 것인지를 고민하는 우리 자신)와 연결 되는 것은 아닙니다.

아이는 다음의 상황에서 방해를 받으면 강한 반항이나 거절을 합니다.

1) 놀던 것을 제대로 끝내고 싶을 때
2) 자신의 세계에 진지하게 집중하며 나름의 색다르거나 특별한 경험이나 기분을 느끼고 있을 때 / 싶을 때
3) 머릿속에 계획이나 마음속에 그림이 있고 그것을 실현시키고 싶을 때(있는 과정 중일 때)

이럴 때일수록 우리는 흔들리고 당황하기 쉽지만, 아이가 자신의 편안한 영역Comfort zone을 넘어서서 한 단계 진일보하는 중이라고 생각하면 좀 더 아이를 이해하기 쉬울 것입니다. 한 단계 더 커가고 발전하는 과정, 그 과도기에 오는 방황, 반항과 혼란의 시기를, 아이와의 흔히 말하는 기 싸움 없이, 자연스럽고 편안하게 지

나가고자 하는 마음을 갖는 것이 중요합니다.

3. 아이가 싫다고 할 때, 그리고 그것이 자주 반복될 때, 이를 한결같은 마음으로 받아주고 좋게 타이르고 아이의 마음을 헤아려 주기가 말처럼 쉬운 일은 아닙니다.

우리는 어떠한 마음으로 아이를 보며 '그래도 잘해 보자.'라고 스스로에게 위안을 주고 의욕을 되살려 줄 수 있을까요.

우선 아이가 무럭무럭 커가는 과정 속에 있음을 기억하고 아이의 강한 자기주장이나 고집을 오히려 반가워해 주고 긍정적으로 보아 줍니다. 아이가 우리의 권유, 제안, 친절한 안내나 부탁에 '안 해!', '싫어!'라고 말할 때 우린 이렇게 생각해 볼 수 있습니다.

1) 그래. 우리 아이가 자기 자신을 아주 강하게 표현하고 있구나.

2) 당당히 자기 의사를 표현하는구나. 자기 행동이 어떻든 내가 여전히 자기를 보호해 주고 사랑해 줄 것을 알고 있다는 뜻이야. 그래. 우리 아이가 나에 대한 믿음과 사랑에 대한 확신이 있구나.

3) 해야 할 일을 안 하겠다고, 싫다고 또 고집을 피우고 있구나. 우리 아이가 점점 자기 '스스로' 생각하고 판단하고 결정하고 싶어 하는구나. 자신의 생각과 말, 행동에 자신감이 자라고 있는 거야.

4) 해야 할 일은 안 하고, 하고 싶은 것만 하려고 하는구나. 자기 방식대로, 자기 기호대로…… 독립적으로 자신의 삶을 사

는 연습을 하고 있구나.

아이의 거침없는 반항, 예의 없는 행동이나 무리한 요구를 모두 받아주고 감싸주어야 한다는 뜻이 아닙니다. 거부, 반항, 말대꾸, 대드는 모습을 문제로만 인식하고 걱정과 고민을 하기 시작하면 건강하게 대응하는 것이 점점 어렵게 됩니다. 아이의 성장과정에서 오는 자연스러운 모습을 건설적으로 보아주는 눈이 우리 마음과 태도를 밝게 해줍니다.

4. 아이의 거절에 대처할 때 설득/타협/협상/회유/선택/재미 등 여러 요소를 양념처럼 가하고 다양하게 접근하면 아이가 당신을 통해 의사소통에서의 작은 장해물을 극복하는 여러 방식을 자연스럽게 경험하고 배우게 됩니다. 예를 들어 이를 닦기 싫어하는 경우, 당신의 에너지가 허락한다면, 때때로 이렇게 말해볼 수 있습니다.

누가 먼저 이를 닦을까? 엄마? 지안이? 아님 같이 닦을까?
(두세 가지 선택 사항을 만들어 아이가 결정할 수 있게 합니다.)

오늘은 어떤 색 칫솔로 닦을까?(어떤 맛 치약으로 닦을까?)
(아이의 기호나 취향을 반영한 선택권을 줍니다.)

지안아, 오 분 뒤에 이 닦자~

(시간을 미리 알려 주어 아이가 준비할 수 있게 합니다.)

지금은 닦기 싫어? 이는 빨리 닦지 않으면 썩어서 아파요. 그럼 언제 준비가 될까?

(준비할 수 있는 시간을 주고 물어봐주면 아이 스스로 자신의 환경을 설정하고 할 일을 주도적으로 할 수 있는 힘이 커지게 됩니다.)

지안아~ 이 닦자~ 화장실까지 개구리처럼 폴짝폴짝 가보자! 개구리 어떻게 뛰지?

지안이 이 닦기 너무 피곤해? 어머, 화장실까지 걸을 힘도 없어? 그럼 기어가자~! 엉금엉금~

(아이가 좋아하는 놀이, 동물, 장난감, 캐릭터 등을 이용하여 아이의 동기와 의욕을 자극합니다. 보다 재미있게 할 수 있도록 상황을 만들어 초대합니다.)

이렇게 다양한 방법으로 긍정적으로 접근하면 아이가 자연스럽게 생활의 일부로 받아들이고 어느새 습관을 들이게 됩니다.

5. 우린 이 세상에 '모든 면에서 완벽한 엄마, 아빠'는 없다는 것을 압니다. 마찬가지로, '모든 면에서 완벽한 아이'도 없습니다. 아

이가 인사도 잘했으면 좋겠고, 밥도 채소랑 잘 먹었으면 좋겠고, 손도 잘 씻었으면 좋겠고… 우리는 아이가 자신의 할 일을 스스로 하기를, 한두 번 말했을 때 따라와 주고 동참해 주기를 바랍니다. 그러나 우리는 항상 기억해야 합니다. 아이는 '자신이 준비되었을 때 움직인다는 것' 그리고 우리의 아이들은 '모두 특별하며 자신만의 방식대로 완벽하다는 것'입니다.

우리에게는 아이가 배우고 알았으면 하는 것들이 많이 있습니다. 사회매너, 도덕, 예의범절, 위생, 건강, 안전……. 그리고 이와 관련하여서 우리는 더욱 예민해지기도 합니다. 아이가 건강하고 바르게 커줬으면 하는 마음에서일 것입니다. 그러나 우리의 이런 바람이나 기대가 당장 아이에게는 너무 많고 버거운 짐일 수도 있습니다. 우리에겐 '당연히 이즈음 나이가 되면 아이가 알아야 할 것들, 해야 할 일들'이란 것을 생각하며 아이를 키웁니다. 이에 대해 아이는 '이제 그만하고 싶다, 다르게 하고 싶다.'는 마음이 들 수 있는 것입니다.

6. 우리는 가끔 '얼른 바로 잡지 않으면 습관이 될 것 같다, 지금쯤이면 이 정도는 할 줄 알아야 한다.'는 생각에 사로잡혀 있지 않은지 우리 스스로를 돌아보아야 합니다. 혹시 이런 생각들이 우리 각자의 자유롭고 개성적인 육아 방식을 지나치게 일률적으로 다듬고 있는 것은 아닌지, 아이의 끝없는 창조성, 잠재력과 가능성을 사회적 틀 안에 점점 가두고 있는지 살펴보아야 합니다. 우리는 우

리가 옳다고 믿는 것에 대해, 아이가 자라고 변화하는 것처럼, 함께 변화하고 유연하게 성장해야 하는지도 모릅니다. 엄마 아빠의 보호와 믿음 안에서, 아이가 스스로 자신의 하루를 다듬고 만들어가며 자기 삶의 테두리를 스스로 넓혀갈 수 있는 기회를 주는 것은 어떨까요. 부모 역할, 아이 역할에 대한 지나치게 뚜렷한 선을 긋지 마세요. 아이를 믿어주고, 이렇게 아이를 믿어주는 당신 자신을 흐뭇하게 바라봐 주세요.

우리는 항상 기억해야 합니다.
아이는 '자신이 준비되었을 때 움직인다는 것'

그리고 우리의 아이들은
'모두 특별하며 자신만의 방식대로 완벽하다는 것'입니다.

아이에게 안전 등 여러 이유로
'No'를 말하고자 할 때

아이에게 'No'라고 말해야 할 때가 있습니다. 건강, 안전, 위생, 사회·도덕적 이유로 아이의 선택을 지지해 줄 수 없을 때가 있습니다. 아이의 동참과 협조를 얻기 위한 다양한 표현과 방식을 알아 두고 이를 적절히 활용하면 속이 든든하고 좋습니다.

Ingredients

그만! 뜨거운 거야. 만지면 다쳐. 지안이가 그거 만지면, 엄마 보고 멈추게 해 달라는 뜻이야 / 멈추게 할 수 밖에 없어.

(아이의 지금 선택이 당신의 어떠한 특정 행동 혹은 결과를 불러 오는지에 대해 알려줍니다. 아이를 위협하거나 협박하는 목소리가 아닙니다. 처한 상황 속에서 선택이 만드는 원인과 결과에 대한 정보를 공유하는 것입니다.)

지안아, 엄마 배 누르지 마. 그렇게 누르면 아파. 지안이가 이렇게 누르면 엄마가 깜짝 놀라서 지안이를 밀어낼 수도 있어. 엄마가 지안이를 사랑하지만 엄마도 엄마 몸 지켜야지. 지안이가 '스스로' 일어나 줘.

(아이의 몸이 소중하듯 우리의 몸도 소중합니다. 스스로 자신의 몸을 당당히 지키고 보살피는 모습을 보여줍니다. 상대가 자신의 아이일지라도, 자신을 아프게 하는 것으로부터 우리 스스로를 보호하려는 자기 보호 및 자기 방어를 할 수 있는 것입니다. 아이에게 스스로 해달라고 부드럽게 부탁해주세요. 아이에게 스스로 할 수 있는 기회를 주세요.)

손 조심하세요.
지안이 발!
가위 쓸 때는 손가락 조심하자.
(문을 열거나 닫을 때, 길을 걸을 때, 아이 자신이 보호해야 할 신체 부위를 알려 줍니다. 단순히 조심하라는 표현보다 간결하고 구체적으로 말해 주면 좋습니다.)

엄마 지금 문 열게요 / 문 닫아요.
엄마 바로 지안이 뒤에서 걷고 있어요.
엄마 뜨거운 냄비 들고 있어요.
(아이 주변에 어떠한 상황이 벌어지고 있는지를 알려 줍니다. 아이

가 스스로 자신을 지키고 위험으로부터 보호할 수 있게 합니다.)

지안아, 내려오는 방법 알려줄게.

식탁은 밥 먹는 곳이야. 올라가는 데가 아니야. 잘 내려올 수
있게 엄마가 도와줄게.

(올라가려는 행동은 아이의 본능입니다. 높은 곳이나 부적절한 곳에
올라갔다고 아이를 다그치거나 급하게 바로 안아서 내려주기보다는,
아이의 신체발달이 따라주고 상황이 허락한다면, 안전하게 내려올 수
있는 방법을 알려 주면서 스스로 내려올 수 있게 하고 필요시 조금만
도와줍니다. 아이의 문제해결력을 키워 줄 수 있습니다.)

그래. 지안이가 그렇게 하고 싶구나 / 지안이가 그걸 원하는
구나. 음… 그래. 엄마가 지금 결정할 수가 없을 것 같으니 생
각해 볼게.

아빠랑 같이 얘기해 보자.

(당장 안 된다고 말하기 전에 당신 자신과 아이에게 시간적 여유를
줍니다. 가족이 함께 결정해야 할 일이 있을 때 아이를 포함시켜 줍니
다. 아이의 목소리를 존중하고 진지하게 들어주고 신중하게 생각해 줍
니다. 아이의 건강한 자존감을 위해 중요합니다.)

Tips

1. 정말 긴박하고 위험한 순간을 제외하고, 아이의 주의를 집중시키고 아이를 보호해야 할 때는 단순히 '안 돼!'라고 말하기보다 표현을 조금 더 구체적으로 합니다. 정확히 무엇이 안 되는 것인지 무엇을 유념해야 하는 것인지(어떤 사물, 신체 어느 부위, 어떤 상황)를 알려줍니다.

2. 아이들이 스트레스를 풀고 에너지를 표출할 수 있도록 안전하고 자유롭게 놀 수 있는 기회와 장소를 자주 제공해 줍니다. 아이들이 보는 세상은 놀라움으로 가득 차 있습니다. 안 될 것 같아도, 안 될 것을 알면서도 새로운 것을 탐험하고 시도하고 싶어 합니다. 그러나 아이들에겐 위험하다는 이유로 할 수 없는 것이 너무나 많고 아이들은 답답해하고 불만을 갖기 시작합니다. 이것이 제대로 시원하게 풀리지 않고 쌓이면 결국 안 하던 행동, 의외의 부적절한 행동이나 말, 거친 행동 등을 보일 수 있습니다.

3. 우리는 아이의 행동 자체를 제약할 때가 많습니다. 발로 차지 마라, 던지지 마라, 툭툭 치지 마라, 뛰지 마라, 소리치지 마라……. 그런데 이런 행동들은 가만히 들여다보면 아이의 성장 발달에 모두 필요한 신체활동이라는 것을 알 수 있습니다. 우리가 아이들에게 전해야 할 메시지는 특정한 행동에는 거기에 알맞은 때와 장소가 있고 특정한 사물에는 그에 알맞은 쓰임이 있다는 것입니다.

예를 들어, 도서관이나 버스에서는 큰 소리로 말을 하거나 소리칠 수 없고 조용히 이야기해야 하지만 탁 트인 밖(운동장이나 공터, 공원)에서는 큰 소리로 말할 수 있습니다. 식탁 위는 올라가면 안 되지만 나무, 사다리, 혹은 집에서 올라갈 수 있게 허락된 가구가 있다면 그 위엔 올라갈 수 있습니다. 사람이나 장난감을 발로 차면 안 되지만 축구공은 발로 찰 수 있습니다. 책은 던지면 안 되지만 풍선이나 고무공은 던질 수 있습니다.

4. 안전과 공중도덕, 사회매너, 사람으로서의 도리 등 어린 아이이지만 배우고 지켜야 할 것이 많습니다. 흔들리지 않는 견고한 테두리 안에서 아이는 안전과 심리적 안정감을 느끼며 건강하게 성장합니다. 그렇다면 그 선은 어떻게 정해 놓으면 좋을까요?

너무 단호하게 아이가 하고 싶어 하는 것을 막자니 서로가 스트레스 받을 것 같고 융통성을 발휘하자니 상황마다 변하는 규칙으로 아이가 혼란스러워할 것 같습니다. 이럴 땐 사회적 약속, 안전과 위생에 대한, 아이가 아무리 밀어내도 흔들리지 않는 커다랗고 넓은 테두리(원칙)를 만들고 그 안에서 아이가 자유롭게 탐색하고, 타협하고 선택할 수 있게 해 주는 것이 좋습니다. 예를 들어 누군가에게 피해를 주지 않을 때(아이 자신과 다른 사람, 사물을 포함하여 감정적 물리적으로)를 제외하고 우리는 아이의 선택, 행동과 말을 지지해 줄 수 있을 것입니다.

아이는 낯설고 새로운 것을 시도하고 싶어 하고 우리는 아이에게 보다 많은 기회를 주고 싶어 합니다. 아이가 무엇인가를 원할 때 당장 안 된다고 말하기가 고민이 될 때 스스로에게 물어보세요.

'이것은 내 아이와 주변에 피해를 주는 상황인가?'

이 질문은 우리가 'No'라고 말하고 싶은 진정한 이유를 알게 하게 합니다. '내가 그저 내키지 않아서인가?', '내가 좀 더 편한 방식으로, 내 방식대로, 아이가 놀아 주기를, 커주기를 바라기 때문인가?' 여러 개인적인 이유가 쏟아져 나옵니다. 그런데 사실 어떤 이유든, 이유가 무엇인지가 중요한 것이 아닙니다. 아이에게 안 된다고 말하기 전에 정말 그것이 왜 안 되는지 생각해 보고 그 이유를 스스로 구분하여 알고 있는 것이 중요합니다. 이것은 우리의 육아법에 자신감을 줍니다. 우린 자신의 선택에 대한 뚜렷한 이유를 알 때 자신감이 생기기 때문입니다.

5. 아이에게 안 된다고 말할 때, 상황과 아이가 허락한다면, 당신이 아이의 행동을 저지할 수밖에 없는 이유도 알려줍니다. 당신만의 '커다란 원칙'이 변하지 않는다면 아이는 당신으로부터 일관성 있는 얘기를 반복적으로 듣게 될 것이고(물론 사소한 잦은 지적은 줄이는 것이 좋습니다) 아이는 보다 효과적으로 당신의 메시지를 체득할 수 있습니다. 그런데 이것은 사실 좀처럼 쉬운 일이 아닙니다. 많은 인내심을 요구합니다. '이 말(가르침)을 적어도 만 번은 반복해야 한다.'는 마음을 먹어야 합니다.

6. 아이가 당장 해결해 주기 어려운 요구나, 허락해 주기 곤란한 부탁을 하거나, 어떤 무리한 약속을 원할 때가 있습니다. 당신

만의 커다란 테두리를 벗어난다면 그 자리에서 당장 거절해야 하겠지만 때론 '그래, 한 번 생각해볼게'라고 말해 줄 수 있어야 합니다. 다른 사람(할머니, 아빠, 이모, 의사, 선생님 등)과 상의해 본다고 하거나 함께 얘기해 보자고 말해 줄 수도 있을 것입니다. 이 작은 한마디는 아이가 자신의 목소리가 무시당하지 않고 자신이 속한 가족의 일원으로, 하나의 인격체로서 존중받고 있다고 느끼게 합니다. 아이는 커갈수록 당신의 결정을 기다려 주고 당신에게 생각해 봐 달라고 부탁할 것입니다.

7. 때론 질문 이외에 아이의 계속되는 요구에도 지칠 때가 있습니다. 혼자서 잘 놀고 잘해낼 때도 많지만 아이는 무엇을 해 달라, 찾아 달라, 보아 달라는 등 우리의 끊임없는 관심과 보살핌을 원합니다. 처음엔 한두 번 흔쾌히 들어주지만 아이의 요구가 계속되면 점점 피곤과 짜증이 몰려오는 듯합니다. 그럴 땐 아이에게 당신의 몸 상태나 기분 상태를 솔직하고 부드럽게 알려 주어도 괜찮습니다. 그리고 주어진 상황을 아이가 어떻게 이해하고 받아들이는지 옆에서 지켜보고 도와줍니다.

예를 들어, 설거지를 하고 있을 때 아이는 놀아달라고 조른다면 아이에게 설거지가 끝날 때까지 기다려야 한다는 것을 알려줍니다. '원하는 것을 얻기까지의 기다림'은 아이가 배워야 할 중요한 삶의 기술입니다.

당신이 밥을 먹고 있을 때 갖다 달라는 것이 있으면 당장 꼭 필요한 것이 아닐 경우 밥을 다 먹고 가져다준다고 말하거나 아이가 직접 가져와도 된다고 알려줍니다.

당신 스스로가 자신이 하고 있는 일을 존중하고 당신 자신을 배려하는 모습을 보여 주세요. 이기적이 되라거나 아이의 기본적인 욕구를 무시하라는 뜻이 아닙니다. 한결같은 사랑과 애정, 관심과 보살핌은 개월 수에 상관없이 아이 모두에게 꼭 필요하지만 18개월이 넘어가면 아이의 감정이 인내심, 기다림, 배려심, 공감, 동정심 등으로 더욱 세분화되고, 이처럼 다양한 감정은 엄마 아빠와의 관계를 통해 배우고 경험하면서 아이의 역량이 성장합니다. 우리 자신의 건강, 필요한 일, 해야 할 일들과 아이가 원하는 일들 중 언제나 아이가 우선순위가 될 필요는 없다는 뜻입니다.

도덕적, 사회적으로 안전한 범위 안에서 당신의 기본적인 욕구가 아이의 요구에 선행될 수 있으며 그런 선택을 하면서 스트레스를 받거나, 죄책감을 갖고 괴로워하지 않아도 되는 것입니다. 아마 당장은 아이가 보채거나 짜증을 내기도 할 것입니다. 아이가 주어진 상황에 자신이 편한 방식으로 반응하는 것이므로 이런 소용돌이에 즉각 반응하거나 동요되거나 휘둘릴 필요가 없습니다. 당신의 꾸준하고 일관성 있는 안내, 적절한 접근을 경험하는 아이는 인지 및 언어감각이 발달하면서 점차 보다 성숙한 방식(타협, 협상, 설득 등)을 선택하게 됩니다.

아이가 거칠거나
부적절한 말을 할 때

Ingredients

잠깐, 지안아. 방금 그 말 듣기가 불편하네.
듣는 사람 기분이 기분 좋지 않다. 그 말은 하지 말자.

그 말은 나쁜 말이야. 듣는 사람이 기분 나쁘고 화가 나.
지안이가 지금 얼마나 화가 났는지 엄마도 알아.
그 말 말고 다른 말을 찾아보자.

지안아. 그 말은 안 돼. 그 말은 받아 줄 수 없어.
지안이 기분이 지금 많이 안 좋지? 그런 기분은 괜찮아.

엄마가 위로하고 받아 줄 수 있어.

Tips

1. 격한 감정은 인정하지만 그 감정은 받아들일 수 있는 매너와 방식으로 표현되어야 함을 알려 줍니다. 습관이 되어 아이가 자신도 모르게 그런 말을 자주 할 수도 있지 않을까 걱정이 된다면 아이의 장난스러운 모습이나 천진난만한 표정 앞에서라도 듣기 싫어하고 기분이 상한 당신의 표정을 진지하게 보여주어야 합니다. 당신의 단호하고 일관성 있는 태도가 중요합니다.

2. 아무리 부모라지만 아이가 하는 말에 화도 나고 기분도 언짢아질 때가 있습니다. 아이의 말을 표면 그대로 받아들이면 듣는 입장에서는 당황하고 거북한 표현도 있을 것입니다. 어떤 사람의 말이 기분 나쁘게 들릴 때는 말한 사람의 의도를 먼저 파악해 보면 감정 관리에 도움이 됩니다. 화자가 선택한 부적절한 단어와 표현법에 즉각 반응하지 않을 수 있게 됩니다. 사람들은 자신이 만들어내고 선택한 말을 상대가 어떻게 이해할지, 그 의미나 뜻을 듣는 사람이 어떻게 받아들일지 모르고 할 때가 많습니다. 하물며 어린 아이들은 말할 것도 없지요. 아이의 말이나 행동을 개인적으로 받아들이지 말아 주세요. 당신을 화나게 하려고, 공격하려고 하는 말이 아닙니다. 당신이 생각하는 그 의미를 아이가 말로 전달한 것

이 아닙니다. 교정해 주고 바르게 안내해 주세요.

3. 상대가 아이일지라도, 어떤 말을 듣고 화가 난다면 우린 이미 우리 안에 화가 잠재되어 있던 것은 아닌지, 상대가 한 '말'에 화가 나는지 아니면 그 말을 한 '사람'이 그이기 때문에 화가 난 것인지 (나는 상대를 진정 어떻게 생각하고 있었는지), 나는 그 말을 진실이라고 생각하는지 스스로에게 물어볼 필요가 있습니다.

우리는 상대가 한 말이 나를 자극시키는 진실일 때 더욱 크게 자극받습니다. 키가 큰 남자는 '넌 키가 작아.'라고 우기는 사람에게 진지하게 반응하지 않을 것입니다. 순간 억울하고 답답할 수는 있겠지만 그것이 분노로 연결되진 않습니다. 터무니없는 것에 에너지를 쏟을 이유가 없기 때문에 대응하고 싶지도 않고 큰 관심도 없기 때문입니다.

우리의 마음은 거짓보다 진실에 더욱 격하게 반응합니다. 상대가 누구든, 상대의 어떤 말에 우리가 극도의 분노를 느낀다면, 마음 깊은 곳에서 우리는 그 말을 진실로 받아들이고 있는 것은 아닌지 생각해 보아야 합니다. 우리가 느끼는 상대를 향한 화와 분노는 우리 내면의 불편하고 미숙한, 드러내고 싶지 않은 무엇인가를 자극받았기 때문입니다. 상대를 비난하고 싶고 화를 내고 싶은 순간은 우리의 관심과 소중한 에너지가 다시 내면으로 돌아가서 우리 자신에게 더욱 집중해야 한다는 것을 알려줍니다.

4. 아이가 적절하지 않은 말이나 행동을 했을 때, 다음과 같이

자문해 봅니다.

'내가 아이에게 이것을 하지 말라고 말한 적(가르친 적)이 있는가?'

그리고 상황에 따라 다음과 같이 대응해 볼 수 있을 것입니다.

- 이번이 처음인 경우: 아이에게 무엇(특정한 행동, 말)이 안 되는지 단호히 말하고 그 이유도 차분히 설명해 줍니다.

- 전에도 여러 번 안내했을 경우: 아이는 아직 자신의 선택이 어떤 결과를 가져오는지 충분히 알지 못합니다. 인과관계에 대한 학습과 경험을 내재화하는 중입니다. 계속적인, 많은, 반복적인 가르침과 올바른 안내를 통해 도와주어야 합니다. 아이가 받아들이기까지 천 번이 아닌 만 번은 반복한다는 마음으로 꾸준히 안내해 주세요.

- 아이가 잘못된 행동에 대해 분명히 알고 있다고 보이는 경우: 아이가 평소답지 않은 말이나 행동을 하거나, 예상치 못한 의외의 모습을 보일 때도 있을 것입니다. 순간 당황스럽고 실망스러울 수 있습니다. 그러나 우리가 여기에 크게 노여워하거나 너무 놀랄 필요가 없습니다. 아직 자신의 충동적인 행동이나 말을 조절할 만큼 이성의 발달이 성숙한 단계가 아니기 때문입니다. 한편, 아이가 커가고 있다는 뜻이기도 합니다.

아이가 그동안 경험을 바탕으로 생각해 보니 적절하다고 여겨져서 스스로 판단하여 행동한 것일 수도 있고(그것이 잘못된 선택일지라도), 자신이 머무르고 있는 테두리를 벗어날 수 있는 것인지, 타협 가능한 것인지 혹은 그것이 얼마나 견고한지 테스트하려는 움직임일 수도 있습니다.

아이가 쉽게 지루해하거나
놀이에 흥미를 보이지 않을 때

Self-reflective Questions

1. 놀잇감의 수준 및 놀이 환경이 아이의 수준과 발달단계에 적절한가?

2. 놀이(감)가 아이에게 너무 쉬운가? 아니면 너무 어려운가?

3. 놀이(감)가 아이의 흥미, 강점, 성향을 바탕으로 선택된 것인가?

4. 나는 아이와 함께 재미있게 놀고 있는가? 아니면 가르치려 하는가?

5. 나는 아이가 즐기기를 바라는가? 아니면 하나라도 더 배우게 되길 바라는가?

1. 아이와 놀면서 우리가 할 수 있는 역할은 여러 가지가 있고 그 특징은 다음과 같습니다.

조력자: 아이가 어려워하거나 힘들어하는 부분을 살펴보고 아이가 원하거나 아이에게 물어보고 필요시 '살짝' 거들어 줍니다. 우린 더 재미있는 방법, 쉽게 성공하는 법을 알고 있지만 많은 도움을 주는 것은 오히려 아이의 자유로운 놀이에 방해가 됩니다. 아이가 그동안의 성장 발달학습 영역을 벗어나 자신의 역량이 한 단계 진일보하는 순간이 보일 때 옆에서 조금씩 보조를 해 줍니다.

공동설계자: 아이와 당신이 동등한 입장이 되어 같은 목표를 향해 지금 당장 성공하지 못할지라도 함께 만들어 가고, 고민하고, 생각해 보는 것에 중점을 둡니다.

놀이 친구: 말 그대로 친구가 되는 것입니다. 아이의 눈높이에 맞추어 함께 놀이를 합니다.

'아이 주도 놀이' 참여자: 아이가 리더가 되어 놀이를 이끌고 어른은 이에 동참하고 지지해 주며 노는 방식입니다. 아이가 자유롭게 규칙을 만들고, 역할을 분담하게 하고, 환경을 세팅합니다. 너무 엉뚱하고 앞뒤가 맞지 않아서 참견하고 싶을지라도 참아야 합니다. 아이가 스스로 고치고 더하면서 주도할 수 있게 합니다.

아이가 자신의 생각을 말할 때 당신이 흥미 있어 하는 모습과 동의하는 모습을 보여줍니다. 아이의 생각을 그대로 모두 따라야 할 필요까지는 없으나 아이의 목소리를 존중하고 자유롭게 표현할 수 있게 합니다. 아이의 의견을 물어보고(아이가 대답하지 못하더라도 생각할 수 있는 기회를 갖게 됩니다) 놀이 안에서 자유로운 선택의 기회도 줍니다.

2. 아이는 다양한 놀이 환경에서 자신을 표현하고 내면의 세계를 가꾸고 더 넓은 세계를 경험하며 사고를 확장합니다. 물놀이, 지저분한 놀이, 자유놀이, 그룹 활동, 병행놀이, 음악놀이, 역할놀이, 상상놀이, 스포츠, 조용한 놀이(퍼즐, 책), 미술놀이… 여러 놀잇감이 제공되어 있는 구조화된 환경도 필요하지만 아이에게 가장 중요하고 필요한 친구는 바로 '자연'입니다. 캠핑을 가거나 등산을 가는 것도 특별한 활동이 되겠지만 아이에게 다양한 자연 재료들 – 자갈, 모래, 진흙, 나무 조각, 꽃, 풀, 조개껍데기, 콩, 쌀 등 – 을 자주 접하게 하고 만지고 냄새를 맡고 두드려서 소리를 들어보는 등 신체의 여러 부위와 감각들을 이용해서 함께 탐색할 수도 있고 책상에 놓고 볼 수도 있습니다. 하늘, 바다, 강, 산, 땅, 공기, 바람, 새, 나무, 꽃, 풀, 개미, 나비, 벌 등 우리를 둘러싼 자연을 느끼고 인지할 수 있는 기회를 줍니다.

3. 아이가 어떤 활동이나 놀이에 흥미를 잃는 이유는 여러 가지가 있습니다. 몸과 정신이 피곤해도 그렇겠지만, 그동안 해오던 것과 너무 다르면 낯설어서 멀리하기도 하고 순간의 어려움 때문에 흥미와 욕구를 잠시 잃기도 합니다. 아이가 일시적으로 지쳐한다고 해서 무조건 '아이가 이제 이것을 지겨워하는구나, 싫어하

는구나, 피하는구나.'라고 생각할 필요는 없습니다. 무엇이 아이의 기운을 빠지게 하고, 욕구를 잃게 했는지 그 이유는 놀이가 주는 스트레스도 있지만 주변의 소음, 함께하는 사람과의 불편함 등 외부적인 요소가 있을 수 있습니다. 아이가 중간에 어려움을 몇 번 겪어 나가면서도 포기하지 않고 꾸준히 해오던 것을 이어가 마무리가 되었을 때의 성취감을 느끼게 하려면 당신의 긍정적이고 능동적인 지지가 필요합니다. 당신이 흥미를 보이고 재미있는 반응을 보이면 아이들은 호기심을 갖고 마음의 문을 엽니다. 그리고 이것은 아이를 당신의 취향과 목적 때문에 아이가 힘들어해도 꾸준히 하기를 바라는 것과 구분되어야 할 것입니다.

건강한 육아 생활을 위한
11가지 팁

1. 아이를 존중하고 배려하느라 우리 자신의 소중함을 잊으면 안 됩니다. 당신 자신을 관대하고 너그러운 마음으로 보아주세요.

2. 아이들은 개개인 모두가 다릅니다. 이 세상에 나의 아이와 같은 아이는 단 한 명도 없습니다. 성장 발달단계, 취향, 기질, 태도, 반응, 성격, 성향 등이 모두 각기 다릅니다. 당신의 아이는 자신만의 방식, 속도와 단계대로 커가고 있습니다. 아이들은 모두 재능이 있고 자신의 방식으로 특별합니다. 당신 아이가 가진 특별함을 보아주세요.

3. 아이의 특별함을 보려고 노력하는 당신. 먼저 당신 자신의 남들과 다름, 특별함을 볼 줄 알아야 합니다. 자기 자신을 올바르게

사랑하고 존중할 줄 아는 사람이 아이를 올바르게 사랑하며 존중해 줄 수 있습니다. 지금 당신 자신을 소중히 하고 특별함을 인정해 주세요. 그리고 이것을 멈추지 마세요.

우리 자신의 영양 밸런스, 몸과 마음 영혼의 에너지 조화를 위해 스스로를 양육하는 것은 아이를 양육하는 것처럼 중요합니다. 특히, 우리의 몸은 반드시 미량 영양소가 고려된 음식 섭취로 관리되어야 합니다. 오메가3와 장내 유익균을 고려한 곡류, 채소와 과일을 조금씩이라도 매일 섭취해 주도록 합니다. 바빠서 식사를 제대로 할 수 없다면 과일과 채소를 넣고 주스로 갈아 마시거나 필요하면 종합비타민 같은 영양제로 보조할 수도 있습니다.

우리의 몸은 영혼이 머무는 집과 같습니다. 집을 청소하고 가꾸듯 당신의 몸도 돌보아 주어야 합니다. 몸에 특정 성분, 영양의 부족함이 오면 집중력이 흐려지고 쉽게 짜증이 나며 피곤해집니다. 내분비계, 호르몬의 불균형이 오면 당신은 일관성 있는 육아를 할 수 없게 됩니다. 우리의 내외부적 현재 상태는 아이의 모든 부분에 직간접적으로 영향을 미칩니다. 그리고 무엇보다 당신은 당신 자체로서 정말로 소중합니다. 이것을 깊이 알면 당신의 삶, 육아는 조금씩 달라집니다. 피곤할 수는 있으나 지치지는 않습니다. 우리 자신이 온전하고 당신의 삶이 건강할 때 육아 방식은 더욱 건강해지고, 유연해지고 여유가 생깁니다. 각자의 상황에 맞게 당신 자신을 돌보는 법, 치유하는 법, 자신의 감정을 조절하는 법, 식단이나 돈을 절제하고 관리하는 법 등 당신이 필요하다고 생각하는 부분을 계발해 나가야 합니다.

부모가 되면 모든 생활은 아이 중심으로 돌아갑니다. 이것은 너무나 자연스럽고 평범한 사실입니다. 그러나 육아에만 에너지를 쏟는다는 것은 곧 무너질 성을 짓는 것과 같습니다. 육아는 당연히 힘든 것이 되며, 자유와 함께 당신만을 위한 시간·공간 에너지가 사라집니다. 그렇지만 여전히, 육아를 하는 우리 자신을 제대로 돌볼 수 있는 자신만의 비법을 연구해 나가야 합니다.

4. 완벽한 슈퍼 엄마, 아빠는 없습니다. 있다면 그렇게 비칠 뿐입니다. 그렇게 보이려고 애쓰고 스트레스 받지 않아야 합니다. 어쩌면 우리는 아이에게 영웅이 되어 주고 싶을지도 모릅니다. 우리 모두는 아이가 원할 때 필요한 조언을 해 줄 수 있습니다. 또한 좋은 길잡이가 되어 주고 정신적으로 힘이 되어 주고 싶어 합니다. 그러나 잊지 마세요. 당신은 아이의 삶이 아니라 당신 삶의 주인공이자 영웅입니다.

5. 이 세상에 완벽한 부모는 없지만 우리와 아이를 위한 완벽한 순간은 있습니다. 바로 아이와 우리가 함께 배우고 성장할 수 있는 기회가 되는 순간입니다. 이 순간은 우리가 아이 혹은 주변에 화가 나거나 분노, 어려움, 문제를 느낄 때 자주 찾아옵니다. 아이를 향해 화를 느낀다면 당신이 사랑이 부족하거나 보살피는 능력이

부족해서가 아닙니다. 감정을 느낀다는 것은 아주 자연스러운 것입니다. 사람이기 때문입니다. 중요한 것은 그것을 어떻게 관리하느냐입니다.

감정은 근육과 같습니다. 자주 쓸수록 강해지고 커집니다. 화도 그렇습니다. 다듬지 않고 돌보지 않은 상태로 두면 그것은 점점 더 커지고, 마치 '어린 왕자' 속 바오밥 나무처럼 우리 내면을 잠식해 버립니다. 안에 항상 잠재되어 있는 화가 넘치면 작은 자극에도, 심지어 자극이 없는데도 습관적으로 튀어나오게 됩니다. 우리 자신을 긍정적이고 밝은 에너지로 많은 부분을 채우려면 틈틈이 내면을 들여다보고 정리할 것은 정리하고 다듬고 관리할 수 있는 길을 찾아야 합니다. 그리고 이것은 계속되는 연습이 필요합니다. 잘하다가도 안 될 때가 많습니다. 육아는 당신에게 연습할 수 있는 기회를 많이 줄 것입니다. 지쳐 있는 당신에게는 이것을 연습하는 것조차 일이 되고 부담이 될 것입니다. 그러나 계속 연습합니다. 당신 내면과 일상에 분명한 변화가 옵니다.

6. 견디기 힘든 순간, 다루기 어려운 상황들을 우리에게 필요한 메시지를 주고 성장하게 하는 '퀄리티 모먼트(양질의 순간)'라고 이름 붙이고 그렇게 불러봅니다. 우리가 하는 말에는 실제로 그렇게 인지하게 하는 힘이 있습니다. 어려움 속에서 우리가 이 상황을 통해 무엇을 배울 수 있을 것인지, 어떤 교훈이나 가르침이 있는 것인지를 찾고자 하는 강한 의도를 갖고 들여다봅니다. 쉽고 편한

상황에선 누구나 잘합니다. 주요하게 집중해야 할 때는 당신과 아이가 모두 힘들어하는 상황일 때입니다. 이 순간을 잘 이용하면 둘 모두에게 커다란 성장의 기회를 열어 줍니다.

자신에게 말해 주세요.

'힘들다. 중요한 순간이야. 진짜 나(긍정적인 나, 건강한 나, 꽤 괜찮은 나, 현명한 나, 성숙해지고 있는 나)를 만나 보자.'

우리의 말은 생각에 강한 영향을 줍니다. 말은 생각을 바꾸고, 생각은 느끼는 기분을 바꿉니다. 우리가 자신을 다독이며 보다 현명한 길을 선택하는 순간, 사방으로 퍼지며 격하게 소용돌이치는 감정이 조금씩 한군데로 모아져 정리되는 것이 느껴질 것입니다. 자신의 숨소리에 집중하고 감정으로 인한 신체의 변화를 느껴보세요. 숨길이 얕아지고 가슴이 두근거리나요? 제일 먼저 할 일은 숨을 제대로 쉬어 몸속에 산소를 주는 것입니다. 호흡이 불규칙하고 얕으면 근육이 긴장되고 감정은 고조됩니다. 차분하게 가라앉히고 편안함을 느끼게 될 때까지 많은 반응(거친 말, 불편한 표정, 부적절한 몸짓 등)을 아끼고 오직 호흡에만 집중합니다.

7. 의식적으로 단어 선택, 표현법을 긍정적으로 합니다. 보다 적극적으로 편안하고 평화로운 단어들과 목소리 속에 당신의 생각을 담아 보세요. 이것은 우리의 관점을 바꾸고 육아를 포함한 당신 삶의 전체에 큰 변화를 줍니다.

8. 힘든 순간, 나름대로 올바른 방법을 찾아 노력했음에도 아이가 바로 반응을 보이지 않아서 실망하고 속상할 때가 있습니다. 이럴 땐, 육아에 있어서 우리와 아이의 역할과 그 역할이 행해지는 영역에 대해 다음과 같은 4가지 단계가 있다고 생각해 보면 도움이 됩니다. 우리의 소중한 에너지를 아끼기 위한 접근법입니다.

1) 나의 행동은 나의 영역 안에서 이루어집니다. 주어진 상황 속에서, 우리가 할 일(아이에게 해야 할 일을 알려 주기, 잘못을 바로 잡아 주기, 용기와 의욕을 북돋아 주기 등), 할 수 있는 일, 해야 할 일을 합니다. 여기에 우리가 알고 있는 다양한 접근법과 육아 기술이 동원될 수 있을 것입니다. 예를 들어, 화장실로 가기 싫다는 아이를 인내심을 발휘하여 꾸준히 즐겁게 초대를 해 보거나, 아이의 짜증을 담담히 받아 주거나, 거부하는 아이에게 차분히 선택의 기회를 제공하거나, 밥을 먹지 않고 간식만 찾는 아이를 보며 다양한 반찬을 준비하거나 롤 모델링으로 밥을 맛있게 먹는 모습을 보여주거나 설득이나 협상을 하는 것 등이 있을 것입니다. 이러한 우리의 행동은 '우리의 영역' 안에서 일어나는 것입니다.

2) 우리가 최선을 다해서 자신의 몫을 '우리의 영역' 안에서 했다면 그 다음은 아이의 영역으로 넘어갑니다. 아이는 당신의 안내, 조언, 코칭, 가르침 등을 듣고 결정할 것입니다. 아이 자신의 역량과 성숙함, 성장발달 정도, 혹은 그날의 기분과 감정에 따라 당신에게 협조할 수도 있고 거절할 수도 있습니다. 아이의 행동(결정, 선택, 의견)은 아이의 영역 안에 있습니다. 우리가 이를 교정하거나 바로잡으려고 할 때 그 방법이 억지스럽거나 강압적이면 아이의 영역은 당신으로부터 침범당하는 것과 같습니다. 아이의 세계가 흔들리고 불안정하게 되는 것입니다.

3) 우리가 우리의 영역 안에서 적절한 행동을 하고, 이에 영향을 받은 아이가 자신의 영역 안에서 어떤 행동을 선택하였다면 그다음에 우리가 할 일은 아이를 믿고 맡기는 것입니다. 아이가 보이는 역량, 잠재력, 가능성을 믿고 아이의 선택을 존중합니다. 존중한다고 해서 아이의 뜻대로 맡기고 모든 선택을 위임하라는 뜻이 아닙니다. 존중한다는 것은 아이의 목소리를 들어주고, 이해하고, 포용하고, 기다려 주고, 아이를 상하관계가 아닌 동등한 입장으로 대해 준다는 것입니다.

4) 담담하게 지금 속한 상황을 마무리하고 일상으로 넘어 갑니다. 마주한 상황에 오래 머문다고 해서, 문제를 계속 끌고 간다고 해서 해결되는 것이 아닙니다. 그것은 우리의 불필요한 고집이며 욕

심입니다. 예를 들어, 아이에게 잔소리를 길게 하거나, 설교하듯 말이 길어지거나, 감정이 남아서 다른 일에도 혼을 계속 내면 그것은 상황이 제대로 마무리되고 있는 것이 아닙니다. 깔끔하게 지금 마주한 문제에 대해 당신의 영역, 아이의 영역, 믿고 맡기기를 했다면 담담하게 일상으로 넘어가는 마무리를 해야 합니다. 마무리하면서 아이의 약속이나 다짐을 받거나, 아이의 의견을 들어보거나, 화해, 사과, 감사를 표현할 수도 있을 것입니다.

위의 1번부터 4번은 사실 '육아의 과정'에 집중하는 육아 방식입니다. 변화, 성장, 발달, 목표달성, 과제성취에 목적이 있는 것이 아니라 그것에 이르는 과정 자체에 초점을 두는 것입니다. 예를 들어, 아이가 기저귀를 떼는 것, 화장실에서 배변을 하는 것, 밥을 골고루 잘 먹는 것을 보는 것보다 마주한 상황에 건강하게 대응하고 문제를 건설적으로 다루는 나의 행동에 관심을 두고 여기에 집중하는 것입니다.

결과(눈에 보이는 아이의 성장, 반응, 변화)보다
과정(나의 행동, 태도, 자세)에 집중을 하면
뜻대로 되지 않는 상황에서도
침착하고 한결같은 육아를 할 수 있습니다.

이처럼 '결과보다 과정에 집중하는 육아'를 하면 아이가 고집을 피우거나 협조하지 않을 때 실망하거나 화를 내는 일이 줄어들게 됩니다. 아이를 강제적으로 위협하거나 압박을 주어서라도 해야 할 일을 억지로 아이에게 시키는 일이 사라집니다. 그것은 내 근본적인 목표가 아니기 때문입니다. 진정으로 건강한 육아의 목표는 '잘하는 아이'를 보는 것이 아니라 '잘하고 있는 나'를 보고 싶어 하고 이를 위해 노력하는 것입니다. 아이와 주고받는 소통과 교감을 뒤로 하고 '나만 잘하면 되지.', '나는 잘하고 있으니 괜찮아.'라고 생각하라는 것이 아닙니다. 나의 의도와 목적을 뜻대로 따라와 주는 아이를 보는 것이 아니라 나 자신의 현명하고 성숙된 행동에 두어야 한다는 것입니다.

우리는 아이를 끊임없이 타이르거나 혹은 지나치게 혼을 내기도 합니다. 이것은 너무나 정상적인 반응이고 또 우리의 일상이지만 이 과정에서 필요 이상의 에너지가 소모됩니다. 문제에 계속 머무르는 것은 아이와 당신 모두를 지치게 합니다. 시간이 길어지면 당신의 인내와 평정심도 엿가락처럼 늘어나다가 결국 끊어질 수 있습니다. 우리가 우리의 영역에서 마땅히 해야 할 일을 했다면 그다음은 아이의 몫입니다. 아이를 더 심하게 다그칠 필요도, 아까 했던 말을 끊임없이 반복할 필요도 없습니다. 당신의 영역에서 해야 할 일을 했다면 과감히 접고 넘어갈 수 있어야 합니다.

9. 우리가 살면서 겪는 모든 부정적이며 긍정적인 경험들은 우리의 작은 선택들이 서로 연결되어 만들어진 결과물입니다. 길을 가다 자전거에 부딪혀도 그 길을 택한 사람은 바로 당신이기에 자전거가 올 줄 몰랐다 할지라도 당신의 선택이 관여되어 있는 것입니다. 자신의 선택과, 마주한 상황과, 이에 반응하는 당신의 감정에 온전히 책임을 갖고자 할 때 당신은 삶의 진정한 주인이 되고, 변화를 일으킬 수 있는 주인공이 되며, 보다 성숙한 태도와 관점을 갖게 됩니다.

10. 아이를 삶의 모든 이벤트, 크고 작은 사건, 문제, 장해물, 어려움들로부터 완벽하게 보호할 수 없습니다. 우리는 삶이 주는 다양한 크고 작은 일들로부터 아이가 받는 부정적 영향의 수준을 줄이기 위해서 노력할 뿐입니다. 방법에는 여러 가지가 있지만 그중 첫 번째는, 현명한 선택을 하게 도와주는 것입니다. 우리는 아이에게 착한 일, 좋은 일을 자주 권하지만 현명한 선택이 무엇인지에 대해서는 잘 설명하는 것 같지 않습니다. 사람마다 기준과 가치관이 다르기에 어떤 것이 현명한 것인지 가려내는 것은 매우 더 복잡하고 어렵기 때문일 것입니다. 그러나 사회·문화·도덕적 그리고 인간적으로 안전한 영역 안에서 현명한 선택이 무엇인지를 아이와 함께 고민하고 이 과정에서 아이의 사리 분별력, 판단력을 키워 준다면, 우리가 미래를 예측할 수는 없지만, 불필요한 더 큰 문제들은 일어나지 않게 도와줄 수 있을 것입니다. 우린 주어진

상황에서 무엇이 현명한 선택인지를 아이와 함께 생각하고 결정해 보는 경험을 할 필요가 있습니다.

두 번째는 아이를 자신의 선택이 가져오는 결과(삶 속의 자연스러운 인과관계)를 경험하게 해 주는 것입니다. 아이 자신의 선택이 갖고 오는 영향들에 대해서(그것이 부정적일지라도) 경험하게 하는 것을 두려워하지 마세요. 친구의 장난감을 뺏지 말라고 해도 뺏으면 상대방이 기분 나빠하는 모습을 보게 됩니다. 밥을 먹으라고 해도 아이가 밥을 먹지 않으면 결국 배가 고프고 기운이 없게 됩니다. 일찍 자라고 해도 아이가 놀려고 하고 잠을 늦게 자고 다음 날 똑같은 시간에 일어나면 잠이 부족해 피곤하고 졸립니다. 아이를 다그치고 혼을 내느라 진을 빼고 스트레스 받지 말고 이러한 삶 속에 자연스러운 인과관계를 겪게 하세요. 이런 경험은 아이에게 살아 있는 학습이 됩니다.

세 번째는 아이가 살면서 겪게 되는 다양한 문제들을 마주했을 때 어떻게 현명하게 그리고 건강하게 받아들이고 다룰 수 있는가를 배우게 도와주는 것입니다. 즉, 문제에 대한 해결력처럼 중요한 것이 바로 문제에 의한 회복력입니다. 건강하게 대처했는데도 결과적으로 안 좋은 일을 겪었다면, 상처에 대한 자기치유력과 회복력을 키워주는 것도 필요할 것입니다. 우린 이미 일어난 일들을 컨트롤할 수는 없지만 일어난 일에 대해 어떻게 반응할 것인지는 컨트롤할 수 있습니다. 자신의 생각과 태도를 원하는 방향으로 가꿀 수 있습니다. 예를 들어 아이가 친구들로부터 거절당했을 때는 슬퍼하고 좌절한다면 아이의 감정을 받아주고 들어주며 그것이 주는 불편함과 어려움(화, 슬픔, 창피함, 스트레스, 고민, 걱정)을 어떻게 잘 해소할 수 있을지 함께 방법을 찾아보고, 주변 사람들의 거절, 평판, 비판이 자기 자신의 가치를 판단할 수 없다는 것을 안내해 줄 수 있을 것입니다.

11. 육아는 사실 아이에 대한 것이 아닙니다. 육아는 우리 자신에 대한 것입니다. 진실은, 우리가 아이를 다루면서, 아이와 함께 지내면서 우리의 내면을 더욱 자세히 알게 되고 들여다보게 된다는 것입니다. 육아가 초대하는 내면으로의 여행을 두려워하지 말고 외면하지 말고 기꺼이 허락하고 받아주세요. 자기 자신을 잘 이해하고 있는 사람이 아이를 더욱 잘 이해할 수 있습니다. 우리가 우리 자신의 어린 시절, 성장 과정, 성향, 기질, 성격, 감정, 삶과 주변에 대한 관점, 철학, 방식을 이해하고 있을 때 아이의 지금을 진심으로 더욱 잘 이해할 수 있습니다. 아이를, 아이의 행동이나 의도를 이해하지 못하면 속한 상황에서 당신이 할 수 있는 일들을 파악하지 못하게 됩니다. 해결책이 보이지 않으면 우리는 스트레스를 받으며 감정적이 됩니다. 아이를 깊이 잘 이해한다는 것은 아이뿐만이 아니라 우리의 건강한 삶을 위해 중요한 것입니다.

자신에게 말해 주세요.
'중요한 순간이야. 진짜 나를 만나 보자.'

마트에서

마트나 쇼핑몰, 길거리 등 사람들과 물건들이 많은 곳에서는 아이가 흥분하기도 쉽고 충동적이 되기도 쉽습니다. 이럴 때 자주 일어날 수 있는 일들에 대해 우리가 할 수 있는 적절한 대처 몇 가지를 소개합니다.

Ingredients

지안이가 찾은 거야? 맞아. 이게 우리가 먹는 검정콩이야~
(아이가 보여주는 것에 대한 따뜻한 반응을 보여줍니다.)

그림책을 찾았구나! 여기 동물 사진 있네.
(아이가 발견한 것에 대해 흥미를 보여줍니다.)

응, 그림책 사고 싶은 거 알아. 엄마도 그 그림책 좋다고 생각해. 지안이가 좋아하는 그림도 있고 색깔도 다양하고. 엄마도 사주고 싶다. 오늘은 우리 사려던 게 있으니까, 그림책은 좀 더 생각해 보고 다음에 와서 다시 보자.

(아이가 사고 싶어 하는 물건이 있을 경우, 먼저 그 물건에 대한 아이의 흥미를 인정해 줍니다. 당신은 그 물건에 대해 어떻게 생각하는지 솔직하게 말을 해 주고 구매를 보류하거나 결정합니다.)

응, 좋은 생각이야. 재밌어 보인다. 엄마가 생각해 볼게.

지안아, 엄마 지안이 사랑하고 지안이가 얼마나 이게 갖고 싶은지도 알아. 우리 '오늘은' 우리 그거 안 사. 오늘은 안 돼요.

우리 오늘 쌀, 양파, 빵, 우유 살 거야. 엄마 지금 쌀을 찾고 있어. 지안이도 찾아볼래?

지안아, 이것 봐. 오렌지가 향이 좋다. 맡아 봐~ 어때?
(오늘 필요한 것은 무엇인지, 무엇을 살 것인지를 얘기해 주고 쇼핑에 참여하게 해 줍니다.)

지안이가 우는구나. 엄마가 안 된다고 하니까 많이 실망했어?

지안이가 얼마나 갖고 싶어 하는지 엄마도 알아… 우리 오늘 지안이 과자 사기로 했으니까, 지안이가 과자 고르러 같이 가 보자.

(낙담한 아이는 힘을 잃고 방황하고 움츠러듭니다. 아이를 달래고 위로하는 것에 너무 오래 집중하면 아이와 함께 상황에 갇혀 같이 방황할 수 있습니다. 아이가 할 수 있는 선택을 만들어 주면서, 담대하고 건강하게 주의를 환기시킵니다.)

지안이 달리는구나(달리고 싶구나). 달리는 거 엄마도 참 좋아. 우리 마트에서는 걸어야 해. 뛰다가 부딪히면 위험해.
(행동에는 적절한 때와 장소가 있음을 알려 줍니다.)

Tips

1. 아이가 사 달라는 것을 거절해야 할 때는 정말 안 되는지 그리고 왜 안 되는지 신중하게 생각해 보고 결정합니다. 처음엔 안 된다고 했다가 나중에 된다고 하면 점차 아이는 당신의 거절과 의견을 받아들이지 않고 협조하지 않으며 당신이 생각을 바꾸길 더욱 강한 액션과 반응으로 요구하게 될 수 있습니다. 아이가 조르거나 울어서 사주면 아이는 자신의 뜻대로 하고 싶을 때 처음부터 그러한 방법을 선택할 것입니다.

처음엔 안 된다고 단호히 말했는데 아이가 더 조르지 않고 이내 실망한 모습을 보이거나, 풀이 죽은 모습으로 쇼핑하는 당신을 얌전히 따라다니는 걸 보면 안쓰럽고 기특하기도 하고 가여워서 사주게 되는 경우가 있습니다. 생각을 조금 더 해 보니 사주어도 괜찮을 것 같아서 사주게 되는 경우도 있습니다. 이런 경우엔(결정을 번복하는 경우), 당신이 어떤 이유로 생각을 바꾸게 되었는지 합당한 설명을 해 줄 필요가 있습니다. 그러나 가장 좋은 것은, 앞으로 아이가 당신의 선택과 의견을 존중하고 협조하게 하려면, 신중하게 생각한 후 한 번 결정이 되면 중간에 마음이 약해지더라도 부드럽지만 단호하게 끝까지 입장을 고수하는 모습을 보이는 것입니다.

물론 아이의 무리한 요구를 당장 거절해야 할 때도 있습니다. 하지만 아이의 요구를 거절하기 전에 진지하게 아이의 말을 들어주고 입장을 고려해 주는 모습, 어떻게 할지 신중하게 생각해 보는 모습, 그리고 한 번 만들어진 선택을 고수하는 일관성 있는 당신의 모습을 보여주세요. 아이가 문제를 향한 건강한 접근법을 배우게 됩니다.

아이는 언어발달과 사고력이 자라면서 당장 자신이 원하는 대로 하고 싶어서 떼를 쓰거나 짜증을 내기보다 아이 자신이 익숙하고 자주 노출되었던 방식을 쓰게 될 것입니다. 즉 당신을 말로 설득시키려고 노력하고 당신에게 생각해 볼 시간과 여유를 주고자 할 것입니다.

2. 아이가 어떤 물건을 당신에게 흥분하여 보여줄 때가 있습니

다. 우리는 아이가 저것을 사 달라고 하는 것이 아닌지 덜컥 겁이나 못 본 척하거나 관심 없는 척하기도 합니다. 물론 아이가 사고 싶기 때문일 수도 있지만 당신의 관심과 흥미를 끌기 위해서 혹은 자신이 발견한 것을 보여주기 위해서일 때도 있습니다. 아이가 무엇을 보여주고 당신이 함께 들여다보길 원한다고 해서 아이가 항상 그것을 사고 싶어 하는 것은 아닙니다. '오~ 그래. 그런 게 여기 있었네~', '그러네, 엘사네!' 하면서 아이의 재미, 흥미와 발견을 인정해 주고 공감하여 줍니다. 아이와 같은 공간에서 짧지만 함께 집중하며 공감하는 순간들은 아이에게 큰 즐거움과 만족감을 줍니다.

3. 아이가 마트 같은 공공장소에서 떼를 쓰거나 짜증을 부리거나 크게 울면 가장 먼저 드는 생각은 '이 행동을 어떻게 빨리 멈추게 할까.'입니다. 주변 사람들에게 피해를 줄까 봐 얼른 상황을 끝내버리고 싶어집니다. 그러나 아무런 준비 없이 상황 속에 뛰어들면 아이보다 더 강한 감정으로 상황에 압도당합니다. 사탕을 주면서 달래거나 벌을 준다고 위협하거나 엄하게 혼을 냅니다. 빠르고 효과적이기 때문이지요. 그러나 이것은 당장 순간을 쉽고 편하게 해결해 줄 수는 있으나 앞으로 더욱 힘들어질 수도 있습니다.

격한 상황 속에 들어가기 전, 당신은 가장 먼저 '지금 아이의 내면에 무슨 일이 일어나고 있는가.'를 보려고 노력해야 합니다. 감정을 받아준다고 해서 아이 뜻대로 해 주어야 하는 건 아닙니다. 아이가 '잘했다.', '잘못하지 않았다.'의 개념이 아닙니다. 아이의 감정을 받아주고 읽어주고 아이의 목소리를 들어주세요. 아이의 뜨겁고 매섭게 소용돌이치는 감정을 받아주려면 당신의 마음 주머니는 아이보다 더 커야 하며 아이보다 차분하고 안정되어 있어야 합니다. 아이와 함께 흔들리지 말고 흔들리는 아이를 안아 주는 담담하고 한결같은 버팀목이 되어 주세요. 아이는 지금 자신의 감정이 조절, 절제, 통제가 안 되고 강한 관심과 안정을 바라고 있습니다. 그리고 이것이 아주 어린 나이부터 조금씩 제때에 올바른 방법으로 충족될수록 아이의 내면은 더욱 건강해집니다. 또한 사회감정이 발달하며, 자아가 성장하면서 자기조절을 할 수 있는 역량이 커지게 됩니다.

4. 우리들은 아이보다 더 많은 것을 알고 있고 더 많은 것을 제대로 이해하고 있으니 우리의 선택은 아이보다 더 논리적이고 상황에 더욱 적절하다고 생각합니다. 그래서 아이가 받아들이는 것이 옳다고 생각합니다. 그러나 우리가 심사숙고하게 결정하였기 때문에 아이가 받아들여야 한다는 것은 우리의 입장입니다. 우리의 생각과는 달리 아이가 쉽게 협조하지 않을 때가 있습니다. 이럴 때 당황스럽고 막다른 길목에 갇힌 기분이 듭니다. 순간의 스트레스와 상황에 휘둘리지 않으려면 우리의 '관점'이 중요합니다.

아이가 자신이 싫은 것은 분명히 싫다고 하며 거절할 수 있는 자신감이 있고 당당하고 분명하게 자신을 표현하는 자존감이 커가고 있기 때문이라고 생각해 주세요. 아이의 행동을 긍정적으로 보아주면 지금의 어렵고 힘든 상황이 성장의 한 부분으로 받아들여집니다. 아이는 아이 자신이 말로 설명할 수 있는 것보다 더 많이 이해하고 인지하고 경험하고 느끼고 있습니다.

　말로 표현될 수 있는 것은 극히 일부입니다(이것은 어른인 우리의 경우에도 그렇지요). 아이의 마음과 머릿속에서는 어떤 자기 나름의 논리와 방식으로 이 상황을 바라보고 해석하고 있습니다. 아이의 입장과 목소리를 존중하는 모습을 보여주세요. 사고력과 인지력이 무럭무럭 커가는 아이들은 아무리 어릴지라도 자신의 수준에서 자신이 납득할 수 있고 이해할 수 있을 때 상황을 더욱 잘 받아들이고, 배우고, 당신에게 협조합니다.

설득과 협상에 대하여

아이는 아무리 쉽게 설명해 주어도 우리의 말을 이해하지 못할 때가 많습니다. 당장은 이해한 것처럼 보였다가도 그것은 그때 당시의 반응이었을 뿐 실제로 정말 제대로 이해한 것이 아닌 경우도 많습니다.

아이는 아마도 우리가 하는 말을 전부 정확히 알아듣지는 못할 것입니다.

아이는 오직 하나, 우리의 정성스런 태도를 필요로 하고 있습니다. 왜 하지 말아야 하는지, 왜 안 되는 것인지, 어떤 것이 더 좋은 선택인지, 아이는 당신이 얘기해 주기를 원합니다. 알고 싶어 합니다. 이해하고 싶어 합니다.

우리는 갓난아이에게도 아이 자신과 주변에 무슨 일이 일어나고 있는지 알려 주면 좋다는 것을 알고 있습니다.

　기저귀 갈아 줄게.
　이건 감자 미음이야.
　우리 이제 시장 갈 거야.
　여긴 할머니 댁이야.

아이는 그런 말들의 참의미를 이해 못할지라도 사람들의 표정과 말투 등을 온몸의 감각을 통해 인지하며 자신을 둘러싼 세상과 교감하고 소통합니다. 그리고 말의 의미는 반복적인 경험을 통해 알게 되고 배웁니다.

아이는 커갈수록 자신에게 익숙하고 자주 노출된 방식으로 세상을 바라보고 이해합니다. 훗날 이 관점과 가치관, 태도는 더욱 성숙하게 되고 스스로 그 영역을 확장하면서 풍부해지지만 가장 기본이 되는 생각의 뿌리는 어린 시절(특히 세 살 이전) 겪었던 직간접 경험, 노출된 환경과 자극들을 바탕으로 만들어집니다.
혹자는 어린 시절부터 아이가 당연히 해야 할 일을 우리가 일일이 설명해 주고 설득시키고자 하면 아이는 나중에 자신이 반드시 해야 할 일임에도 스스로 납득하지 않으면 하려고 하지 않고 이것은 굉장히 피곤한 일이 된다고 말합니다.

그러나 우리가 쉽게 키우고 싶어서 아이가 배워야 할 소중한 가치
(다른 사람과 의사소통하는 여러 접근법)를 포기할 수는 없습니다. 이유
야 어찌됐든, 남들도 하니까, 당신이 하라고 하니까 시키는 대로
하는 착한 아이는 키우기 쉬울 순 있지만 이것을 반드시 건강하다
할 수는 없을 것입니다.

물론 모든 일어난 일들, 아이가 해야 하는 일들, 당신의 선택이 옳
은 이유, 아이의 선택에 호응을 못해 주는 이유 등을 매번 아이에
게 설명할 수는 없습니다. 시키는 대로 그냥 하라고 윽박지르거나
아이가 좋아하는 것을 못하게 한다고 위협하거나 벌을 준다고 겁
을 주면 아이는 단번에 말을 듣기도 합니다. 그렇지만 아이가 말
을 잘 듣게 하는 것이 교육의 목적은 아닙니다.

당신을 자극시키는 아이의 행동이나 예상치 못한 반응에 대처하
는 당신의 태도, 감정을 조절하며 평정심을 유지하려고 노력하는
모습, 문제를 바라보는 관점, 해결하려는 접근 방식을 다양하고
건강하게 하면 아이는 자연스럽게 당신을 통해 배웁니다. 이것은
아이가 앞으로 살아가는 데 귀중한 재산이 됩니다.

아이를 설득하고, 이해시키고, 아이와 협상을 시도하세요.

협상전문가인 스튜어트 다이아몬드Stuart Diamond는 협상에서 고려되어야 하는 가장 중요한 요소는 상대의 지식, 인종, 문화, 소속단체 등과 같은 배경이 아닌 '개인의 감정'이라고 강조합니다. 우린 객관적 자료를 바탕으로 이성에 따라 합리적으로 사고하여 상대와 협상할 것 같지만 실은 그렇지 않다는 것입니다. 개인의 감정이 우리의 판단을 주도합니다. 그는 자신의 기분이 좋지 않거나 내키지 않는 날에는 협상을 시도조차 하지 말라고 조언합니다. 성공적인 협상(그가 말하는 성공적인 협상이란 서로에게 이익과 도움이 되는 Win-Win의 형식입니다)과 상대와의 신뢰관계를 그르치게 되기 때문입니다. 협상을 하려는 '나'의 감정상태도 매우 중요하지만 상대가 중요하다고 생각하는 '가치'에 대해 그 감정을 인정해주고 공감해주는 것이 성공적인 협상기술의 핵심입니다.

스튜어트는 자기감정에 솔직한 우리의 아이들만큼 협상하기 좋은 상대가 없다고 설명합니다. 우린 아이가 중요하다고 생각하는 가치와 우리가 중요하다고 생각하는 가치를 서로 바꾸어 보자고 협상을 시도할 수 있습니다. 예를 들어, 아이가 아이스크림을 원하면 먹고 이를 바로 닦는 것을 약속해 볼 수 있습니다. 이것은 아이가 좋은 행동을 했을 때 보상해 주는 것과는 다릅니다. '지금 이를 닦으면 선물로 내일 또 아이스크림 사줄게.'와는 다른 접근이지요

(전통적으로 '보상'이라는 개념은 아이에게 일정한 행동을 유도하기에 효과적이라 여겨지기도 했습니다. 그러나 물질적 보상이 순간적인 동기부여를 해 줄 수 있는 있으나 이것에 익숙해진 아이는 보상이 없거나 자신의 기대에 못 미치면

우리는 때때로 융통성을 갖고 아이와 함께 타협점을 찾아볼 수도 있습니다. 당신이 너무 피곤한 날, 일찍 잠자리에 들어야 한다면 책 두 권을 오늘 밤 못 읽어주는 대신 내일 아침 일어나 네 권을 읽어준다고 설득해 볼 수 있습니다.
당신의 건설적인 모습은 아이의 사회감정 발달, 언어발달을 자극시키고 아이의 사고영역을 넓히며 문제해결력을 키워 줍니다.

항상 우리가 옳고,

해결책이나 정답을 알고 있고,

설득력이 있으며 논리적이어야 한다는

뜻이 아닙니다.

이것은 우리가 가진 사람들과 의사소통하는 방식, 세상과 문제를 바라보는 관점, 모르는 것과 어려운 문제를 대한 대응방식, 즉 우리의 태도와 마인드에 대한 것입니다. 아이는 우리의 말하는 방식, 단어 선택, 표현법, 표정, 태도 등을 그대로 흡수하여 무의식 속에 내재화할 것입니다. 그리고 이것은 아이가 성인이 되었을 때도 무의식적으로 표현됩니다.

아이를 설득하고,
이해시키고,
아이와 협상을 시도하세요.
항상 우리가 옳고,
해결책이나 정답을 알고 있고,
설득력이 있으며
논리적이어야 한다는
뜻이 아닙니다.

자주 우는 아이를 대할 때

많이 우는 아이가 있습니다. 근래에 울음이 많아졌을 수도 있고, 선택적으로 자주 우는 아이가 있고, 원래 감정에 복받쳐 잘 우는 아이도 있을 것입니다. 우는 것 자체가 나쁘거나 잘못된 것은 아닙니다. 그러나 아이가 자주 울고 이를 달래면서 상황이 마무리되는 것이 잦아진다면 우는 것도 습관이 될까 봐 걱정이 들기 시작할 것입니다. 우리는 아이에게 울지 말라고 말할 수는 없지만, 울고 싶은 상황에서, 울음 말고 다른 어떤 방법으로 긴장과 감정을 해소할 수 있는지 안내해 줄 수 있습니다.

Ingredients

1. 아이가 울기 시작할 때 가장 먼저 할 일은, 보이는 상황을 묘사하는 것입니다.

지안이 울어?
지안이 많이 놀랐나 보네.
슬퍼 보이네.

화가 났나 보구나.

실망했나 보네.

서운해 보이네.

엄마가 보기에… 지안이 많이 속상해 보여.

아이의 감정을 받아준다는 것은 어떤 것일까요. '그래. 그랬구나.'라고 말하면서 아이를 안아주는 것은 언제나 권유되는 건강한 대응이지만, 아이의 감정을 받아 줄 때 아이가 진정되기보다 더욱 복받쳐하거나 울컥해하는 것을 자주 볼 수 있습니다. 내가 위로한 것이 혹시 아이가 담담히 넘어갈 수 있는 수준의 감정을 건드린 것이 되어서 괜히 그 감정을 필요 이상으로 과장되게 확대시킨 것은 아닐까 하는 생각에 머리가 복잡해지기도 합니다.

쇼펜하우어는 아이에게 고통을 주는 것은 '감정 자체'가 아니라 우리가 그 감정을 달래는 과정에서 아이가 받는 자극이라고 설명합니다. 여기서 우리가 할 수 있는 일은, 아이를 달래주고 위로해주고 감정을 받아줄 때 '상황 묘사'를 하는 것입니다. 나의 '설명'에는 나의 관점, 입장, 이해라는 색이 입혀져서 아이의 감정을 일으킨 원인과 계기를 명확히 집어내어 그 인과관계를 시원하게 해명해 주기가 매우 어렵고 오히려 우리가 아이를, 아이가 자기 자신을 오해할 가능성이 크기 때문입니다.

2. 아이의 감정을 읽어주고 인정해 줍니다.

지안이 우는구나. 이리 와, 우리 지안이. 안아줄게.

그렇지. 마음대로 안 될 땐 화가 날 수도 있지. 그럴 땐 말로 해 줘. 엄마한테 도와달라고 말해줘. 그래야 엄마가 제대로 도와줄 수 있고 지안이도 기분이 괜찮아지지. 울기만 하면 지안이가 뭐가 힘든지, 어떻게 도와줘야 하는지 엄마가 몰라. 어려워도 말로 해줘. 뭐 도와줄까?
무슨 일이야?

뭐가 지안이를 기분 나쁘게 했어 / 슬프게 했어?
지안이, 엄마가 어떻게 도와줄 수 있는지 말해 줄 수 있어?
어떻게 도와줄까?
어떻게 하면 지안이 기분이 좀 나아질까?

(아무리 달래도 울음을 멈추지 않을 때) 지안아, 지금 지안이가 선택할 수 있어. 여기서 계속 울든지, 아니면 엄마한테 무엇 때문에 지안이가 우는지 말해 주는 거야. 엄마가 어떻게 도와줄까?

(계속 울 때) 지안이 진정하고 울음 그치면 엄마한테 오세요. 엄마가 기다릴게. 지안이가 준비됐을 때 말해줘.
(당신과 아이에게 진정될 수 있는 시간과 공간을 허락해 줍니다.)

(아이가 진정이 되고 당신의 말을 들어줄 준비가 되었을 때) 지안아, 말로 하는 게 아직 어려운 거 알아. 울고 싶을 때 우는 건 괜찮아. 우는 게 나쁜 건 아니야. 지안아, 지안이가 엄마한테 말로 얘기해줘야 지안이를 제대로 도와줄 수 있어. 다음에는 엄마한테 와서 무슨 일인지, 어떻게 도와주면 되는지 말해줘. 알았지?

(말 연습을 직접 시연합니다) 지안이 무슨 일이야? 피곤해? 슬퍼? 화나? 졸려? 물 줄까? 배고파? 뭐가 마음대로 안 돼서 답답해? 지안이가 뭐 때문에 울까? 어떻게 도와줄 수 있을까?

Tips

1. 보통 2~3세 때 아이가 자주 우는 것을 볼 수 있습니다(아이마다 자신의 발달단계가 다릅니다. 일반적으로 그리고 통계적으로 우리가 기대하고 예상할 수 있는 성장 발달 단계를 알고 있는 것은 많은 도움이 됩니다. 아이에게 시기적절한 자극을 주어 성장을 도모할 수 있고 올바르고 적극적으로 아이의 발달 및 학습을 도와줄 수 있는 법을 찾고자 할 때 참고가 될 수는 있기 때문입니다. 그러나 그것이 누구에게나 똑같이 적용되어 아이를 평가하고 판단할 수는 없습니다.

두 살이라고 어떤 말을 할 줄 알고, 세 살이라고 이런 표현 정도는 해야 하고 그런 것이 없다는 뜻입니다). 어린 아이들은 아직 언어발달이 미숙하기 때문에 답답한 마음이 조금이라도 생기면 말로 표현해야 하는 번거로운 작업보다는 쉽게 울음을 선택하게 됩니다. 이것은 너무나 자연스러운 성장 과정의 일부입니다. 아이와 함께 말 연습을 시연 Demonstration과 롤 모델링을 통해 꾸준히, 반복적으로 해 주면 아이는 크면서 조금씩 자신을 표현하려고 할 때 울음은 줄이고 말을 선택하게 될 것입니다.

2. 사소한 일에 자주 우는 아이가 있습니다. 우리가 봤을 때는 사소하지만 아이 입장에서는 큰일이기 때문일 때도 있지만 자신이 원하는 대로 상황을 빠르고 쉽게 해결하고자 할 때도 울음을 선택합니다. 언어발달이 아직 미숙하고 감정의 변화가 심하기 때문에 빨리 문제가 해결되고 상황을 자신에게 유리하게 만드는 울음은 습관이 되기 쉽습니다. 아이가 자신의 뜻대로 안 된다고 선택적으로 의도하여 울 때는, 강하게 반응하지 않고 못 본 척하는 것도 방법 중의 하나입니다. 아이의 울음이 스스로 진정되고 멈출 때까지 기다립니다.

3. 한 번 일어난 격한 감정을 통제하기란 어른에게도 쉬운 일이 아닙니다. 그러나 자신의 감정에 대처하는 '행동'은 자신이 선택하고 스스로 조절할 수 있다는 개념을 어려서부터 소개하고 알게 해 주는 것이 핵심입니다.

4. 울음을 빨리 멈추게 하려 할수록 당신은 더욱 스트레스 받게 됩니다. 우는 아이를 대할 때는 울음을 빨리 그치게 하는 것을 목적으로 하지 말고 아이의 감정을 헤아려주고, 때론 적당히 못 본

척 지나가기도 하고, 아무 말 없이 안아주기도 하고, 울음 대신 할
수 있는 것들을 해 줍니다. 아이가 울음보다는 다른 적절한 방법을
스스로 선택할 수 있을 때까지 담대하게 기다려줍니다.

　5. 눈물은 감정(특히 좌절, 절망, 실망, 분노, 슬픔 등의 강한 감정)을 녹아내
리게 하고 진정시키고 풀어내는 건강하면서도 효과적인 방법입니
다. 울음 자체가 금기시되거나 하면 안 되는 나쁜 것이 아닙니다.
아이가 자신의 감정이나 상황에 대한 반응을 표현할 때 울음 대신
할 수 있는 방법(예를 들면 언어 사용)을 알려 주는 것이 포인트입니다.

아이를 달래주고 위로하며
편안함을 주고자 할 때

아이가 감정적으로 예민해져 있거나 슬프거나 위로가 필요할 때, 아이를 달래주고 편안하게 다독거려 주고플 때가 있습니다. 그럴 땐, 당신의 어린 시절 경험, 기억과 느낌이 가장 효과 좋은 약이 됩니다.

Ingredients

엄마가 어렸을 때 놀다가 많이 넘어졌어. 어느 날 놀이터에서 놀다가 넘어진 거야. 그래서 얼른 집에 와서 약을 발랐어.
이것 봐, 이게 넘어져서 생긴 상처야.
(아이가 넘어지거나 다쳤을 때 당신도 겪었던 어린 시절의 비슷한 경험을 들려줍니다. 아이는 위로 받고 당신과 감정을 공유할 수 있습니다.)

엄마가 지안이처럼 어렸을 때 엄마는 밥을 참 잘 먹었어. 그래서 이렇게 많이 컸어.

(어린 아이에게 당신은 온 세상의 표본 그 자체입니다. 당신을 닮고 싶어 하고 당신처럼 커지고 싶어 하는 마음이 있습니다.)

엄마가 어렸을 때 단 거를 너무 좋아해서 치과에 많이 갔었어. 그래서 이를 잘 닦아도 단 거를 너무 많이 먹으면 이가 잘 썩는다는 것을 알게 되었어.

(실수나 경험을 통해 배운 것, 깨달음, 교훈을 함께 공유합니다.)

Tips

1. 당신의 어린 시절 이야기를 들려주세요.

아이는 당신이 자기처럼 어렸을 때가 있었다는 것을 흥미로워하고 당신의 이야기를 듣고 싶어 합니다.

당신이 어린 시절 어떤 감정을 갖고, 어떤 경험을 가졌는지
무엇을 하고 놀았고, 무엇(장난감, 놀이)을 좋아했었는지
당신의 어린 시절과 학창시절 추억(친구관계, 선생님과의 관계, 유치원이나 학교생활)

어려움이나 장해물을 어떻게 다루고 이겨냈으며 무엇을 배우고 느꼈는지

당신을 두렵게 하거나 설레게 했던 낯선 경험, 도전, 새로움

당신의 순수한 꿈, 희망, 목표

그 외 모든 당신이 기억하는 의미 있고 중요했던 순간들과 기억들

슬픈 기억, 용기, 감동, 기다림, 즐거움, 기대와 실망, 설렘, 평범함, 재미를 담고 있는 일상의 에피소드들을 아이가 받아들이고 이해할 수 있는 쉽고 적절한 표현들로 이야기해 주고 함께 공감하고 그 순간들을 공유합니다. 경험과 책, 주변 사람들과 세상을 통해 배우게 된 것, 느낀 바를 들으면서 아이는 당신을 통해 간접경험을 할 수 있고, 삶을 대하는 당신의 긍정적이고, 건강하고 건설적인 모습을 배우게 됩니다.

2. 당신에게 부정적인 영향을 미치고 당신을 절망으로 빠트렸던 순간들도 의도적으로 긍정적인 화법과 마인드로 풀어내어 이야기해 보세요.

힘들었던 과거와 화해하고 불편한 감정을 안고 살았던 자신을 용서하고 위로해 주세요. 당신을 힘들게 했던 어두운 이야기를(비록 지나가듯 짧게 얘기 하더라도) 거침없이 스스로 꺼내어 밝게 이야기하면 아주 조금씩 치유되는 것을 느낄 수 있습니다. 어두운 기억에

밝은 감정을 입히는 것과 같습니다. 어두웠던 순간들은 당신의 귀로 듣는 당신의 말을 통해 사건이 주는 감정과 의미를 바꾸어 다시 저장되기 시작할 것입니다. 그 당시 일이 다른 사람의 관점으로 재해석되거나 당시에는 몰랐던 새로운 시야가 열리고 마음속 깊은 곳에서 꿈틀대는 당신의 솔직한 심정도 느낄 수 있을 것입니다.

육아는 어떤 방식으로든, 싫든 좋든, 당신을 당신의 어린 시절로 초대하고 당신의 지난 삶 그리고 현재를 돌아보게 합니다. 이것을 적극적으로 받아들이고 육아에 활용하면 육아는 결국 아이가 아닌 당신 자신을 탐험하는 여행이라는 것을 알게 됩니다. 처음엔 낯설고 바쁘고 피곤하다는 핑계로 외면하게 될지도 모릅니다. 그러나 점점 당신의 마음속 어린아이는 당신을 마주하게 될 것입니다.

목표를 향한 작은 성취감들은 삶의 원동력이 될 수 있습니다. 그러나 깊게 좌절하지 않으려면, 가장 밑바탕에는 '무엇을 이룬 나, 무엇을 해낸 나, 무언가를 하고 있는 나, 갖고 있는 나'가 아닌 '당신의 존재, 가만히 있어도 가치가 있는 나, 존재 자체로서 아무런 조건 없이 기쁘게 바라봐주고 안아주고 기꺼이 받아들이는 당신'이 필요합니다. 우리가 우리 자신을 바로 알고, 존중하고 사랑하는 것이 건강한 육아의 첫 시작일 것입니다.

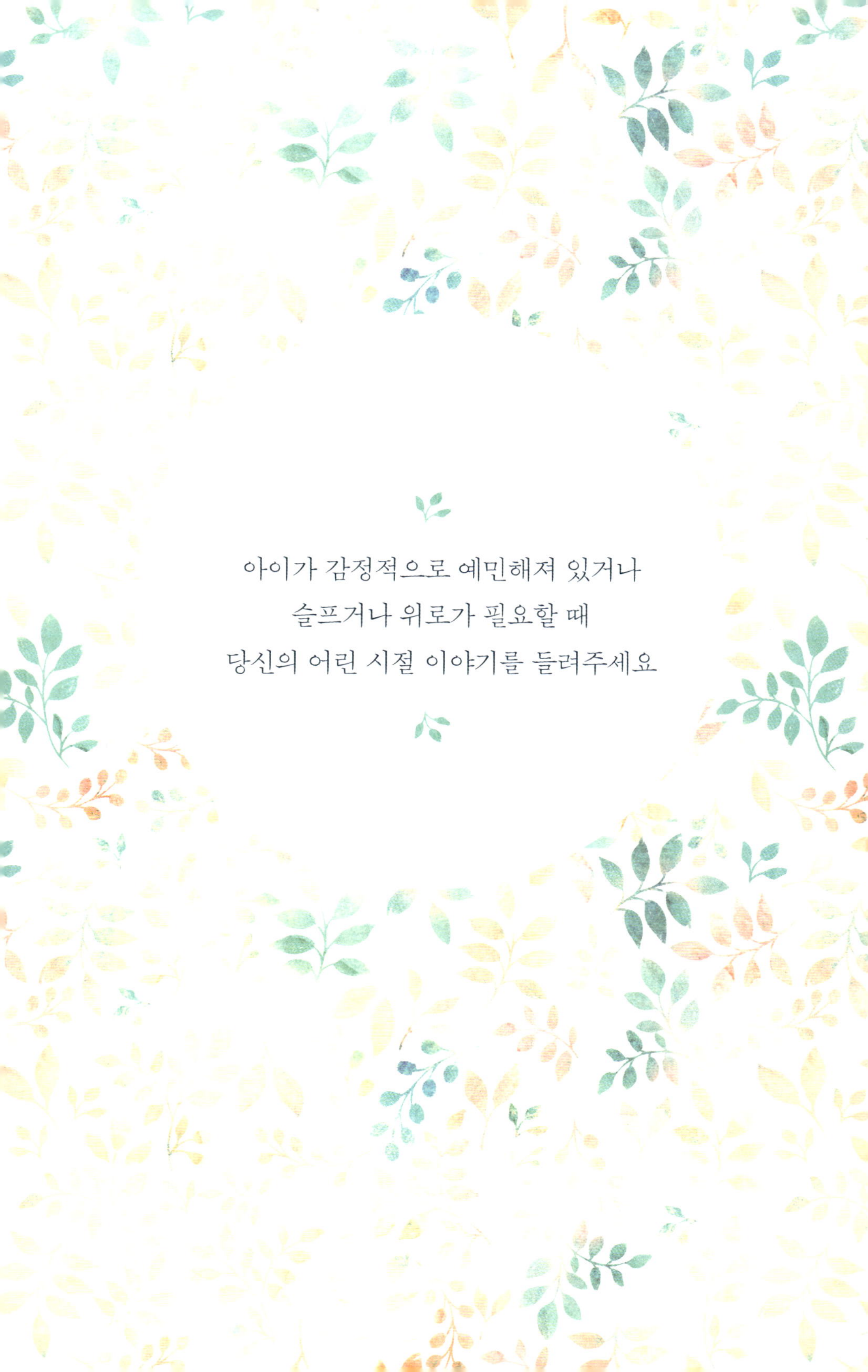
아이가 감정적으로 예민해져 있거나
슬프거나 위로가 필요할 때
당신의 어린 시절 이야기를 들려주세요

아이의 스트레스를 풀어주고
긍정적인 에너지를 주는 놀이 활동

1. 자유놀이(사회도덕적 관점, 건강 및 위생 등이 고려된 안전한 테두리 안에서)

아이가 자신이 만들고 싶은 규칙을 만듭니다. 아이가 놀이를 이끄는 주체가 됩니다. 혼란과 지저분함이 초래될 것이 보일지라도 아이의 방식을 따라 줍니다. 아이가 모든 감각을 이용해 만지고, 냄새를 맡고, 맛을 보고, 느낍니다.

아이가 따라야 할 특정한 구조, 형식, 법칙, 체계 등이 있지 않습니다. 아이가 자유롭게 충동적이고, 자연발생적인 흥미, 호기심, 관심에 충실할 수 있고, 본능적으로 경험하고, 실험하고, 발견하고, 탐험할 수 있는 허락된 공간과 시간이 제공됩니다.

2. 지저분한 놀이

- 바탕이 되는 재료들: 비누거품, 쌀, 밀가루, 식용색소나 반짝이가 첨가된 알록달록하고 질척한 밀가루 반죽, 종이 반죽 등
- 위에 더해서 함께하면 좋을 놀잇감: 자동차 장난감, 다양한 사이즈와 모양의 플라스틱 뚜껑, 컵, 용기, 주방도구들, 자갈, 모래 등

3. 놀이반죽

밀가루 놀이 반죽 만드는 법

밀가루 2컵, 따뜻한 물 2컵, 소금 1컵, 식용유 2큰 숟가락, 타르타르 1숟가락(없으면 빼도 됩니다), 식용색소 한두 방울

4. 물놀이

함께 하면 좋은 놀잇감: 동물 장난감, 각종 용기(컨테이너), 인형이나 아이의 옷, 인형, 플라스틱 식기류, 플라스틱 반찬 뚜껑, 안전한 재질의 물병과 병을 닦는 브러시, 수세미, 스펀지 등

5. 역할놀이

당신은 학생, 당신의 아이, 환자, 손님, 동물, 왕자, 공주 등이 됩니다. 아이는 엄마나 아빠, 선생님, 의사, 마트 계산원, 동물, 왕자, 공주 등이 됩니다. 역할을 바꾸어 가며 해도 좋고 아이가 리드하게 하면 더욱 좋습니다.

6. 바깥놀이

해변가, 숲, 공원, 산책로, 박물관, 식물원, 동물원, 미술관, 운동장, 놀이터 등 여러 곳이 있습니다. 그중 아이가 큰 근육을 사용하여 뛰고, 오르고, 잡아당기고, 밀고, 중심을 잡고, 점프하고, 큰 소리로 말하고, 크고 다양한 동작을 하고, 자유롭게 움직일 수 있는 환경을 자주 접하도록 합니다.

7. 자연

우리는 자연의 일부입니다. 자연을 관찰하고, 오감으로 느끼고, 친밀함을 느낄 수 있도록 풀, 나무, 꽃 등의 여러 식물, 새나 개미, 물고기, 지렁이 등 주변에 자주 볼 수 있는 곤충 및 동물, 하늘, 구름, 물, 해, 달, 별, 바람, 비, 공기, 흙 등 순수한 자연을 접할 수 있는 기회를 많이 갖습니다.

아무런 의도 없이 단순히 자연 속에 있는 것으로는 부족합니다. 모기를 걱정하며 풀숲에서 하늘의 별을 보거나 씻을 것을 걱정하며 바다에서 모래놀이를 하는 것은 큰 의미가 없습니다. 중요한 것은 인식하고자 하는 대상에 대한 우리의 의도입니다. 우리가 우리를 둘러싼 생태계, 자연의 일부이며 서로 긴밀히 연결되어 있다는 것을 느끼고자 하는 기회와 계기를 가질 때 복잡하고 혼란스런 잡념이 사라지고 생각을 잠깐 멈출 수 있습니다. 머릿속이 끊임없는 사고의 과정을 멈추고 그야말로 쉬는 것입니다. 이 과정에서 몸과 마음이 자연스럽게 힐링되며 정화가 됩니다. 몸의 안팎으로, 즉 먹는 것을 포함하여 체험하는 것이 최대한 자연과 가까울 때 몸과 마음은 건강한 자연의 상태를 유지할 수 있는 힘을 갖게 되고 이는 곧 건강한 정신이 만들어지는 환경이 됩니다.

8. 평화로운 시간

아이는 에너지가 넘치고 늘 무언가를 당신과 하고 싶어 하는 것 같습니다. 마치 꼭 신나고 재미있는 시간을 보내야 할 것 같습니다. 그래서 우리는 아이와 무엇을 '하는 것'에 집중하는 경향이 있습니다. 아이와 무엇을 하고 놀까, 어디에 갈까를 고민합니다. 해 달라는 것, 보여 달라는 것, 같이 놀아 달라는 것이 많기 때문이지요. 그러나 한 번쯤은 아이와 함께 평화로운 시간을 가져 보세요. 함께 '하는 것'이 아닌 '함께 있는 지금의 상태'에 집중하는 것입니다.

다양한 자극으로 몸과 마음이 바쁜 와중에도 현재에 충실히 집중하는 것을 아이와 함께해 볼 수 있습니다. 예를 들어, 길을 걸으면서 땅의 감촉을 느끼고, 바람의 방향, 공기의 냄새, 하늘의 색, 구름의 모양과 움직임을 느껴 보자고 말을 건네 봅니다. 자동차 창문에 부딪힌 빗방울의 모양과 크기, 느낌, 문득 들려오는 새소리를 놓치지 않고 아이와 공유할 수도 있습니다. 아이와 바깥을 봅니다. '땅이 젖었네, 밤새 비가 왔었나 봐.'라며 날씨를 얘기합니다.

어느 날엔 날씨를 물어봅니다. 아이는 하늘과 구름의 색, 빛의 밝기, 차가움과 더움, 습함, 건조함, 나뭇잎의 움직임을 통한 바람의 세기 등을 보고 지금의 날씨나 자신의 생각대로 예상되는 날씨를 말해 줄 것입니다. '엄마, 학교 쪽에 구름이 많아. 이따 비 올 건가 봐!'라고 말이지요. 아이를 안으며 함께 있어서 좋다고 말해 주고 아이를 보며 손, 얼굴 등 하나하나의 감촉을 느낍니다.

집안일에 참여할 수 있도록 기회를 열어 줍니다. 아이는 가족의 일원이기에 자연스럽게 어릴 때부터 자신이 할 수 있는 일, 해야 할 일을 무엇인지 알고 할 수 있도록 하는 것입니다. 빨래를 널거나 갤 때 망가뜨리더라도 옆에서 함께할 수 있게 초대하고, 쓰레기를 버릴 때 작고 가벼운 것을 쥐어 줍니다.

우리는 아이가 특별한 미술활동, 체육활동, 외출을 통해 즐겁고, 흥분되고, 신나게 노는 것을 아이가 좋아하고 아이에게 필요하다고 생각합니다. 그러나 우리에겐 평범한 하루하루가 더 많습니다. 그리고 소소하고 평범한 일상 속에서 아이와 함께 있음에 충실하면 매 순간이 특별한 순간들이 될 수 있습니다. 아이가 집에 있거나 엄마와 단둘이 있는 것을 지루해하고 심심해할 수도 있습니다. 당장 드는 생각은 '우리 아이는 왜 혼자 잘 못 놀까?'라는 걱정과 짜증이 섞인 생각과 '어디 재밌는 데 없을까?', '무얼 하면 좀 재밌을까?'라는 고민입니다.

아이는 몸과 마음의 에너지를 발산하면서 놀고 배우고 성장하지만, 한편 무료함, 지루함과 심심함도 우리 삶의 한 부분입니다. 이것을 자연스럽게 받아들이고 그 속에서 자신만의 사사로운 재미와 방식을 찾아 시간을 보내는 것도 아이에겐 중요한 성장과정 중의 하나입니다.

　가족 간의 소통은 한쪽에서 일방적으로 오는 것이 아니라 양방향이 되어야 합니다. 물론 어린 아이에게 우리를 이해해 달라고 하고 긴 말도 들어달라고 부탁할 수는 없을 것입니다. 그러나 가족 간 서로의 일상과 감정 공유는 아이가 어렸을 때부터 적절한 수준과 범위를 갖고 넓혀가면서 함께 하도록 자연스럽게 양방향(오고 가고 주고받는 것)이 될 수 있도록 이루어져야 합니다.

　예를 들어, 자기 전에 누워서 아이에게 오늘 있었던 일을 얘기하면서 당신의 감정과 느낌을 공유합니다. '그래서 엄마는 이렇게 생각했어. 이런 걸 느꼈어.', '지안인 어떻게 생각해?', '어떻게 하면 좋을까?'라고 물어보기도 합니다. 아이의 하루를 물어보고 들어 줍니다. 옳고 그름의 판단이나 비난, 잘잘못을 따지는 것은 일단 접어두고 들어주고 공감해 주는 것에 집중합니다. 격하게 반기며 놀아 달라는 아이의 요구를 들어줄 수 없을 땐 무리해서 들어주면 (보람 있고 즐거우면 괜찮지만 당신의 시간과 에너지에 대한 희생으로 느껴진다면) 어느새 예민해지고 극도의 피곤함이 갑자기 몰려 올 수 있습니다. 그럴 땐 아이에게 솔직하게 당신의 상태를 말하고 해 주지 못함을 미안해하면서 당신 자신을 챙기는 모습을 보여주세요.

당신은 척척박사도, 감정이 없는 로봇도, 에너지 공장도 아닙니다. 모르면 모른다고, 느끼면 느낀다고 말하고, 에너지가 바닥이 나면 충전해야 합니다. 아이가 당신의 헌신, 희생, 소모되는 에너지와 시간을 당연하게 여기는 것이 아니라 당신이 노력하고 있음을, 그리고 그것이 소중하고 감사한 일임을 어린 시절부터 자연스럽게 경험할 수 있는 기회를 주세요.

너와 나는 달라,
그리고 그것은 괜찮은 거야

아이는 상대방도 자신과 같이 느끼고 생각한다고 여기거나 그러하길 바랍니다. 자신과 생각이나 의견이 다르거나, 자신에게 동조하지 않거나 반대하면 언짢아하고 어쩔 땐 짜증도 냅니다.

자기가 믿고 좋아하는 사람이 자신이 말하는 것에 반대하고, 자신이 좋아하는 캐릭터나 장난감을 싫어하거나 거부하면 아이는 당황하고 흥분하기도 합니다.

아이의 자신감과 자존감 성장을 위해 긍정적이고 적극적인 호응과 지지는 좋은 영양분이 됩니다. 그러나 아이를 기분 좋게 하고 단순히 자신감을 주기 위해 아이에게 당신의 독특한 취향이나 기호, 생각과 상관없이 무조건적으로 반사적으로 호응과 동의를 해줄 필요도 없고 의미도 없습니다. 우리가 살고 있는 현실세계와 삶 속에는 너무나 많은 다양성과 다름이 있고 우리는 이것을 존중하고 가치 있게 받아들일 수 있는 포용력이 필요합니다. 어린 아이에게도 싫은 것은 싫다고 부드럽고 담담하게 그리고 솔직하게 말해 주세요. 그것은 상대방이 싫어서, 상대방을 무시해서가 아니라 서로가 다르기 때문입니다. 아이에게 상대방이 자신과 다를 수 있고 그것은 괜찮은 것이라는 개념을 자연스럽게 받아들일 수 있도록 기회를 줍니다.

1. '응. 그렇구나. 지안이는 그렇게 느끼는구나 / 이걸 좋아하는구나 / 그렇게 생각하는구나.'라고 아이의 개인적인 기호, 취향, 선택, 해석, 의견, 체험, 느낌, 생각, 관점을 있는 그대로 받아들이고 인정합니다(이렇게 이미 일어난 일에 대해서 어떠한 판단이나 다른 부연설명 없이 '인정하는 것 자체'로 충분할 때가 많습니다).

2. 그리고 상황에 따라 다음과 같은 표현들을 대화 속에 섞어 볼 수 있습니다.

'엄마는 그거(아이가 고른 것)보다 이것(다른 것)을 좋아해.'
'응, 지안인 그렇구나. 지안이랑 엄마랑 꼭 같은 걸 좋아할 필요는 없어. 엄만 지안이 사랑하지만 지안이가 고른 이건 엄마가 좋아하는 스타일이 아니야. 엄마가 고른 건 이거야.'

'음… 엄마 생각은 좀 달라.'

'지안인 이게 거칠다고 느껴? 엄만 부드럽다고 느끼는데… 느끼는 게 다르네?'

'엄만 왜 그렇게 느끼냐고? / 생각하냐고? 엄마랑 지안이랑 다른 것뿐이야.'

'엄마는 다르게 생각해. 근데 지안이의 말이 무슨 뜻인지는 알겠어. 그럴 수 있지.'

아이의 협조를 얻고 싶을 때

아이가 당신이 말한 대로 꼭 해야 한다는 생각을 할 때 당신과 아이의 관계에는 긴장이 생기고 당신은 자신의 역할에 대한 고민과 괴로움을 안게 됩니다. 아이의 협조가 필요하고 도움이 필요할 때 아이와 당신은 상하 관계나 종속관계가 아니라 동등한 입장에서 함께 도움을 주고받으며 걸어가는 동반자라고 생각해 주세요. 육아 문제가 조금 더 부드러워지고 편해집니다.

Ingredients

지안아, 미안한데 엄마 티슈 좀 갖다 줄래? 엄마가 지금 손이 지금 너무 더러워서 움직일 수가 없어.

(아이에게 부탁을 하거나 도움을 요청할 땐, 당신이 처한 상황을 알려주면 도움이 됩니다.)

엄마 생각엔 지안이가 지금 하는 게 좋을 것 같은데…….

이건 지안이가 해야 할 일인 것 같아.

(강압적으로 지금 하라고 말을 하는 대신 의견을 나누듯, 부드럽게 권유하듯이 말해 봅니다.)

지안아. 지금 지안이가 약속한 시간이 됐어.

(아이가 스스로 시간을 정하게 하고, 이를 알려주어 자신의 약속을 지키도록 합니다.)

약속은 꼭 지켜야 하는 거야. 지안이가 약속을 지키지 않으면, 엄마가 지안이를 어떻게 믿고 지안이랑 다음에 또 약속을 할 수가 있지?

(약속을 지키는 것은 중요합니다. 자신이 말한 것에 대한 책임을 지고 약속한 것은 지킬 수 있도록 안내해 주어야 합니다.)

엄마도 지안이 도와주고 싶은데, 엄마가 지금 손이 부족하네. 이거 끝내고 도와줄게. 지안이가 지금 혼자 한 번 해 봐.

이거 지안이가 혼자 해 볼 수 있을 것 같은데? 한 번 지금 해 볼까?

지안이가 스스로 해 보면 더욱 좋지. 처음부터 잘하는 사람

없어. 연습 많이 하면 잘할 수 있어. 나중엔 쉬워져.

(당신이 어떤 일로 바쁜데 아이가 도움을 요청할 때는 아이가 혼자 힘으로 할 수 있게끔 유도해 줍니다.)

지안아, 우리가 지금 시간이 없구나. 지안이가 잘 도와줘야 약속 시간에 늦지 않을 수 있어. 어른들 기다리시겠다. 서두르자/부지런히 준비하자.

(아이들과 외출을 준비하면서 얼른 준비하라고 재촉하고 싶을 때가 많이 있을 것입니다. 단순히 빨리 입자, 씻자 다그치기보다 부지런히 서두르는 분위기 속에서 아이가 자연스럽게 동참하게 이끌어 줍니다. 아이와 당신이 한 팀이 되어 움직이는 것입니다. 마음이 급하다고 명령하거나 재촉하기보다는 동등한 입장에서 부탁해 보세요.)

이건 어떨까?

이렇게 하면 어떨까?

이런 거 어떻게 생각해?

지안아 우리 이렇게 할까?

이렇게 하는 게 좋지 않을까? / 더 낫지 않을까? / 도움이 되지 않을까?

여러 제안을 하면서 상황을 함께 건설적으로 만들어 갑니다.

책을 보는 건 참 좋지만 지금은 이를 닦는 게 더 급한 / 중요한 일이야. 이부터 닦자.

(하고 싶은 것과 해야 할 일이 충돌할 경우나 여러 해야 할 일들이 많아서 무엇부터 해야 할지 혼란스러운 경우가 있습니다. 무엇이 더 급하고, 필요하고, 중요한 것인지를 정하여 우선순위대로 일을 처리하는 것을 경험하게 합니다.)

Tips

1. 당신의 머릿속 그림과 아이의 머릿속 그림은 다릅니다. 상황을 보는 시각, 과정, 중요성 모든 것이 다릅니다. 아이에겐 당장 단추를 잠그는 것, 장난감 박스를 여는 것, 간식을 먹는 것, 자신의 놀이가 중요하지만 당신의 관점에서는 또 다른, 필요하고 중요한 일이 있습니다. 아이의 도움이나 협조를 요청할 때는 당신의 머릿속 그림을 설명해 주고 무엇이 필요한지를 구체적으로 이야기해 줍니다.

2. 긴박하거나 바쁜 상황 속에서, 행동은 빠르게 움직여도 말은 비교적 천천히 하려고 노력해 봅니다. 말을 빨리 하면 마음에 여유가 없어지고 매너와 존중을 챙길 틈이 생기지 않습니다. 당신의 말은 아이에게 영향을 미치기 전 당신 자신의 감정과 내면 상태에 더욱 강하게 영향을 미칩니다. 거친 말을 할 땐 감정이 더욱 격해지

고 부드럽고 침착하게 말할 땐 마음도 한결 진정이 됩니다.

　아이를 대할 땐 아이를 존중하는 마음 위에 당신 스스로를 존중하는 마음으로 매너를 갖추어 부탁하고, 양해와 이해를 구합니다. 당신의 너그럽고 친절한 모습을 보여주세요. 아마 당신은 좋게 말을 해 주어도 아이가 협조를 안 해 줄 때가 많다고 불평할 수도 있을 것입니다. 당신과 당신 아이의 성향에는 맞지 않는 것이라고 몇 번 시도하다가 그만두었다고 할 수도 있지요. 그래서 자주 큰소리치거나 혼을 내듯 다그치게 된다고 할 것입니다. 그러나 멀리서 보면 직선이나 가까이에서 보면 지그재그인 그래프처럼, 포기하지 않고 일관성 있게 방향을 잃지 않고 노력하고 연습하는 것이 가장 중요합니다.

　무엇이든 실수나 잘못 없이 완벽히 해내는 사람은 없습니다. 한두 번 아니 매일 어쩔 수 없이 혼을 내게 된다고 포기하고 낙담하지 마세요. 당신이 봤을 때 옳다고 생각되는 방식이 있다면 꾸준히 매일 실제에 적용하고 연습하세요. 육아에 있어 우리의 연습은 언제나 실전입니다. 육아는 어떠한 아름다운 목표지점이 있거나 훌륭한 결과물을 상으로 얻을 수 있는 짧은 여행이 아닙니다. 순간에 충실해야 하는 긴 여정입니다. 우리의 삶이 육아를 건강히 포용할 수 있도록 여정 그 자체, 과정을 천천히 걸어 나갑니다.

　3. 단 한 가지만 기억해야 한다면, 그것은 바로 이것입니다.

당신의 말, 행동, 선택, 태도를 통해 당신 스스로를 존중해 주세요. 아이에게 겁주거나, 위협하거나 감정에 치우쳐 윽박지르는 것은 당신 자신을 존중하는 모습이라고 할 수 없습니다. 우울함, 좌절감, 스스로에 대한 실망, 자신이 만들어낸 모욕감을 움켜쥐고 있지 말고 사라지게 두세요. 그리고 항상 기억하세요. 아이에게 매너 있게 말하고 행동하는 것은 단순히 아이를 잘 키우기 위해서가 아닙니다. 그것은 당신 스스로를, 당신의 삶을 존중하는 방법이기 때문에 필요한 것입니다.

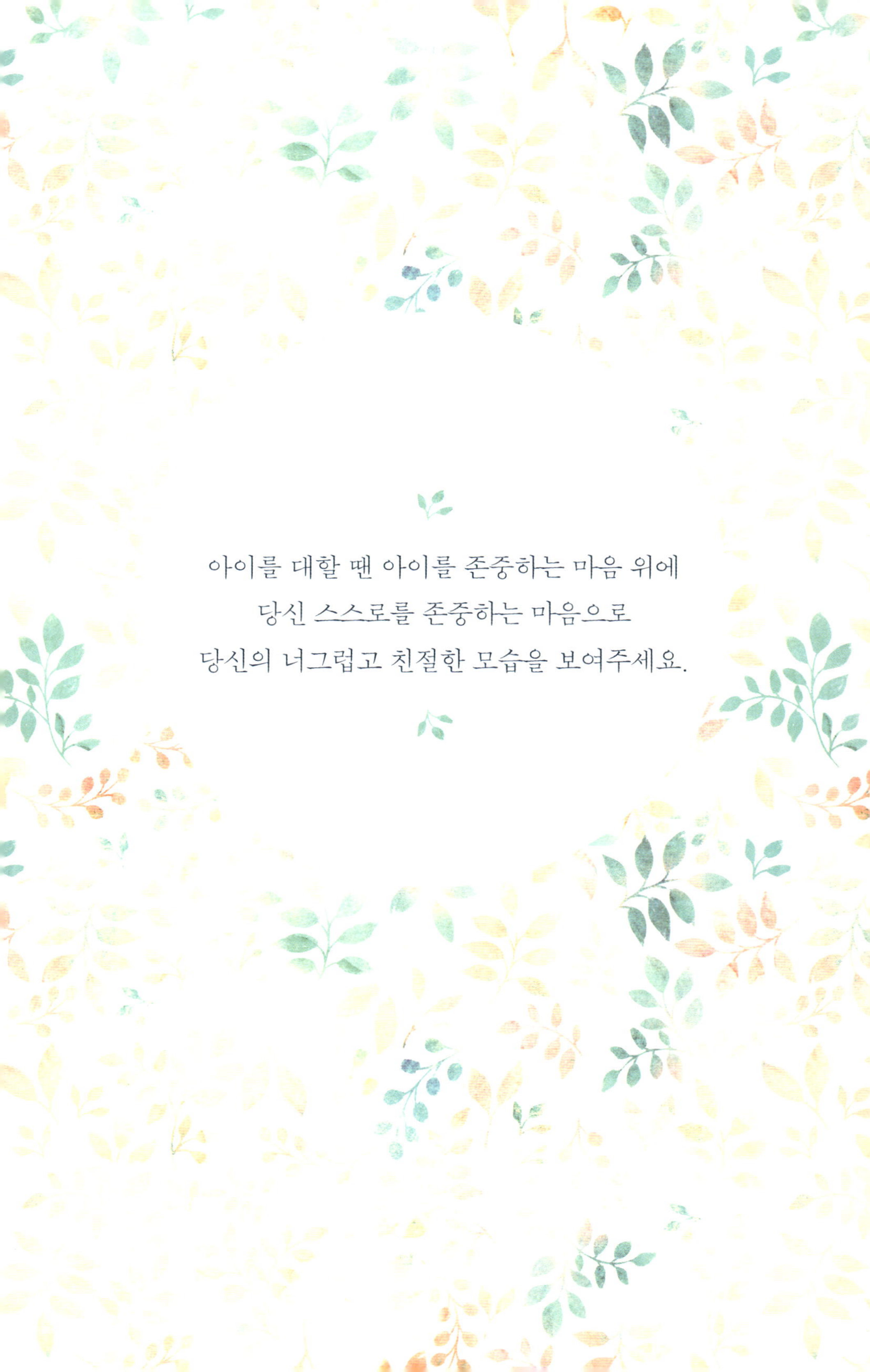

아이를 대할 땐 아이를 존중하는 마음 위에
당신 스스로를 존중하는 마음으로
당신의 너그럽고 친절한 모습을 보여주세요.

상황을 건설적으로
다루고 싶을 때

어렵고 난감한 상황일 때 우린 당황하기 쉽습니다. 우리가 대부분의 문제에 대한 해결책을 갖고 있을 필요도 없지만, 이를 잘 풀어나가야 한다는 책임과 의무를 갖는 것도 나중 일입니다. 가장 먼저 필요한 것은 보다 성숙하고 건설적인 방법으로 상황을 다루고 싶다는 마음가짐입니다. 복잡한 상황일수록 다음 세 가지를 기억하면 건강하게 대처하는 데에 도움이 될 것입니다.

Ingredients

1. 상황을 묘사합니다. 문제에 대해 드라마틱하게 감정을 신거나 무언가 이루어지지 않아 실망했을 아이를 먼저 걱정하여 크게 낙담할 필요는 없습니다. 담담하게 핵심을 전달하고 처해진 사실에 아이 스스로 자연스럽게 반응하게 하도록 합니다.

예) 아, 그렇구나. 우리가 사려던 장난감이 다 팔렸다고 하네.

2. 아이가 담담해하거나 크게 개의치 않으면 부드럽게 위로해 주고 지나갈 수 있지만, 아이가 당황스러워하거나, 많이 실망하거나, 서운해하는 모습을 보일 때가 있을 것입니다. 이럴 땐, 아이의 감정에 담담하면서도 인간적이고 따뜻하게 반응해 줍니다.

예) 지안이 많이 실망했구나.
맞아, 그래. 지안이가 그걸 많이 좋아했었지… 엄마도 아쉽네.

3. 문제를 해결할 수 있는 방법(상황을 나아지게 할 수 있는)을 위한 다양한 접근방법을 함께 찾아봅니다. 위로를 해 주며 화제를 전환하여 분위기를 환기시킬 수도 있고, 적극적으로 다른 대안을 찾아보자고 말해 볼 수도 있습니다.

예) 지안이가 그것도 좋아하고… 다른 거 또 뭐 좋아하지? 그건 여기 있는지 한번 찾아볼까?
뭔가 좋은 방법이 있을 거야. 우리 같이 생각해 보자.
지안이는 어떻게 하고 싶어?
우리 어떻게 하면 좋을까? / 어떻게 하면 될까? 지안이 좋은 생각 있어?

Tips

1. 아이는 당신의 다음과 같은 모습을 관찰하고 있습니다.

현명하고 지혜롭게 문제를 해결하는 것도 아이에겐 좋은 경험이 될 수 있을 것입니다. 그러나 어려운 문제나 당혹스런 일이 닥쳤을 때 아이의 성장발달에 핵심이 되는 것은 근사하고 시원한 해결책에 있지 않습니다. 아이는 당신이 상황을 어떻게 보고 있는지, 문제가 되는 상황에 어떻게 반응하는지, 상황을 어떻게 다루는지, 다른 사람의 감정에 어떻게 반응하는지(아이 자신을 포함한 주변에 관련된 모든 사람), 어떠한 방식으로 다른 사람을 돕는지를 보고 이와 같은 삶의 기술을 당신을 통해 간접적으로 체득하고 있습니다. 이제 해결책을 찾느라 진땀을 빼고 어려워하고 스트레스를 받고 적절한 방법이 떠오르지 않아 답답해할 필요가 없습니다. 이런 초연한 마음가짐은 오히려 당신에게 정신적 여유를 주어 어떤 상황이든 지혜롭게 대처할 수 있게 해 줄 것입니다.

2. 다시 한 번 강조하지만, 다루기 어려운 상황일수록 필요한 것은 정확하고 완벽한 정답이 아닙니다. 문제를 다루는 방법을 찾는 과정 속에서 아이와 우리가 함께 경험하며 배우는 것이 있습니다. 주어진 상황 뒤에 숨겨 있는 보이지 않는 것들에 집중하세요. 주변을 넓고 깊게 둘러볼 수 있는 통찰력과 시야, 능력, 역량, 잠재력이 당신 안에 있습니다.

난 아니라고, 부족하다고 느끼시나요. 그것은 당신이 아직 그런 자질들이 발휘될 기회를 제대로 갖지 못했기 때문이거나 어린 시절 그와 관련된 긍정적인 경험을 많이 가지지 못했기 때문일 것입니다. 어떤 상황이든, 언제든, 자신의 의지대로 선택할 수 있는 것이 딱 하나 있습니다. 바로 '태도'입니다. 지금의 어려움과 문제를 포용하고 건강하게 다루면 앞으로의 더 나은 삶과 육아를 위한 보너스를 얻을 수 있습니다. 예를 들어, 비슷한 상황이 왔을 때 어떻게 해야 할지 즉, 어떤 육아기술(접근법)이 나와 어울리고 어떤 방식이 나와 아이에게 통하는지 감이 잡히는 것입니다. 이를 위해선 우리의 열린 마음과 태도가 필요합니다.

3. 상황 속에서 가장 먼저 해야 할 일은 우리 자신과 아이, 관련된 사람들의 다양한 감정에 어떻게 반응할 것인가에 대해 그 순간, 강하게 집중하는 것입니다. 문제 자체의 심각성, 해결책 자체를 찾는 것에 집중하는 것은 둘째입니다. 상대의 슬픔, 스트레스, 염려, 두려움, 긴장, 걱정 등에 대해 공감과 동정심이 우러나오는 자신을(쑥스럽거나 어색하다고 억누르는 것이 아니라) 허락하는 것이 첫 번째 단계입니다. 공감하며 동정심을 갖는 것은 반드시 상대방과 같은 감정을 느끼며 같이 흥분하거나 감정적이 되는 것이 아닙니다. 공감하는 능력은 상대가 느끼고 생각하는 것을 인정해 주고 존중하고 그 입장을 이해할 수 있는 넓은 폭을 말합니다.

4. 상황을 건설적으로 다루고자 하는 의지를 갖고 일상 속에서 연습을 합니다. 연습은 우리의 기술과 역량을 강하게 해 주고 자기

조절과 긍정적인 마인드를 키워줍니다.

상황이 허락되면 상황을 통제하고 그렇지 않을 땐
'상황을 다루는 우리의 태도를 관리함으로써'
상황이 우리에게 의미하는 바를 변화시키고 조절할 수 있습니다.

이러한 태도는 내면의 힘, 즉 급박하게 몰아치는 상황 속에서도 아이와 주변을 간파할 수 있는 정신적인 여유와 침착함, 집중력, 쉽게 휘둘리거나 흔들리지 않는 강함을 줍니다.

내면의 힘(Inner strength)

당신과 나, 아이와 당신, 우리 모두는 서로 다릅니다.
그러나 단 하나, 같은 것이 있습니다.
각자의 가능성과 잠재력이 자기 자신의 특별한 방식으로 존재한
다는 것입니다. 이것을 인정하고, 허락하고, 받아들일 때, 당신은
그 힘을 진정으로 느끼고 활용할 수 있습니다.

아이에 대한 믿음을 갖기 전, 당신 안의 내면의 힘을 믿으세요. 자
신에 대한 믿음을 가지세요. 우리 모두는 각기 내면에 타고난 재
능과 잠재력이 있습니다. 그리고 당신만의 방식과 특별함으로 매
일 성장하고 있습니다.
당신이 부모로서, 한 사람의 인간으로서 찾고 있는 그것은 이미
당신 안에 존재하고 있습니다. 새롭게 없는 것을 만들거나, 고된

수행을 통해 계발할 필요가 없습니다. 있음을 알고 믿는 순간, 그것은 스스로 발현됩니다. 당신이 겪은 어린 시절부터의 안 좋은 경험, 걸러지지 않고 누적된 기억, 당신의 한계를 긋는 주변의 반응과 말들로 자신을 가로막지 마세요.

사리에 대한 밝음, 현명함, 감수성, 풍부함, 유머, 따뜻함, 보살핌, 사랑, 친절, 관대, 사려 깊음, 들어주고 공감해 주는 능력, 동기를 부여해 주고, 응원해 주며 용기를 북돋아주는 에너지, 창의력…….

우리는 내면의 다양한 자질들을 많고 적음, 강함과 약함, 보임과 보이지 않음의 정도로 쉽게 판단하고 비교합니다. 그러나 당신과 나, 당신 앞에 커가는 아이, 누구에게나 있는 것입니다.

당신이 갖고자 하는 부분이 이미 안에 있음을 알고, 발현되기를 허락하는 순간, 피어나고 만개합니다. 그리고 그것은 매일의 삶 속에서 자주 연습되고 쓰일수록 강력해지고 커집니다. 이것을 알고 있는 사람은 상황에 보다 유리하게 접근할 수 있습니다.

당신의 갖고 싶은 재능, 능력, 긍정적인 에너지, 부모로서의 소양이 있다면 그것은 당신이 태어남과 동시에 이미 당신 안에 내재되어 있습니다. 필요한 순간 꺼내어 쓰세요. 자신을 가로막는 부정적 말들과 감정들에 휘둘리지 말고 스스로 발현되기를 허락하세요.

내면의 힘이 강해짐을 느낄수록 육아는 당신을 일으키고 피어나게 합니다.

아이에게 더욱
힘을 실어 주고자 할 때

Ingredients & Tips

1. 선택할 수 있는 기회

당장 겉으로 보기에 아이에겐 선택할 수 있게 해 줄 상황이 많이 없어 보입니다. 그러나 생각의 폭을 넓히고 시각을 조금 다르게 하면, 아이에게 선택할 수 있는 기회를 찾아서 만들어 줄 수 있습니다.

'아이가 지금 못하는 것 대신 할 수 있는 것은 무엇이 있을까?'
'아이가 지금 선택할 수 있다면, 그것은 무엇일까?'

아이 스스로 생각하고 행동할 수 있는 시간과 공간의 틈을 만들어 주세요.

때론 아이가 선택할 수 있는 상황을 의도적으로 만들어 주고 가족들이 상의해서 결정해야 할 것이 있다면 아이도 참여할 수 있게 해 줍니다.

어디로 놀러 가면 좋을까?

점심은 뭘 먹을까?

무엇을 입을까?

무엇을 마실까?

언제 출발할까?

지안이가 골라 봐.

지안이가 결정해.

지안이가 선택할 수 있어.

어느 것이 좋으니?

어느 장난감 먼저 정리하면 좋을까?

아이의 선택, 의견, 생각, 제안, 관점을 존중합니다. 단, 선택의 기회가 지나치게 열려 있거나 선택사항(고를 수 있는 것)이 많을 경우엔 아이가 혼란스러워하고 어려워할 수 있습니다. 선택사항을 두세 가지 정도로 제한하는 것도 좋은 방법입니다.

예) 양말은 뭘로 신을까? 빨강? 파랑?

   밥은 뭘 먹을까? 볶음밥? 비빔밥?

   어디 가서 놀까? 놀이터? 도서관?

아이가 선택한 것에 대해서는 적극적인 지지, 긍정적인 반응을
보여주고, 때론 협의, 타협, 양보 등을 통해 최대한 그것이 실현될
수 있도록 도와줍니다.

2. 제안/권유/회유/부탁

…해 줄 수 있니?

…해 주겠니?

…할 수 있니?

…하면 어떠니?

…하면 어떨까?

짧고, 명확하고, 간단한 표현으로 아이에게 의견, 새로운 방향,
해야 할 일을 제안 및 제시합니다.

지안아, 우리 늦었어. 지금 얼른 준비하고 나가야 해요.
엄마가 가방 준비하는 동안 지안이 신발 신으면 어떨까?

친절하고 부드러운 매너를 갖추어 말을 할 때 아이는 당신의 의

견을 더욱 존중하며 협조합니다. 당장은 아니더라도 아이는 커가면서 매너를 배우고 자신의 생각을 예쁜 그릇에 담아 잘 표현하려고 노력합니다. 한 가지 기억해야 할 것은, 위와 같이 질문형식으로 아이의 협조를 구할 때는 아이가 싫다고 할 수도 있음을 예상해야 한다는 것입니다. 우리는 완곡한 표현으로 요구하는 것이지만 아이는 좋고 싫음을 선택할 수 있다고 받아들이기 때문입니다. 그래서 아이에게 싫다는 거절을 듣기가 어렵거나 버거운 상황에서는, 조금 더 직설적이고 분명한 표현을 해 봅니다.

지안아, 우리 늦었다. 얼른 나가야 해. 엄마가 가방 준비하는 동안 지금 신발 신으세요.

3. 열린 질문

무엇을 먼저 하고 싶니?
무엇을 먼저 하면 좋을까?
어떻게 하고 싶어?
어디를 먼저 가고 싶어?
오늘 점심은 언제 먹을까? 무엇을 먹을까?
글쎄. 엄마도 지금은 잘 모르겠네⋯⋯. 이것은 어떻게 하면 좋을까?

'누가, 언제, 어디, 무엇을, 어떻게, 왜'로 시작하는 열린 질문은 아이에게 생각해볼 수 있는 기회를 줍니다. 아이에게 스스로 생각하고 행동할 수 있는 힘을 실어주면서 당신도 함께 생각할 수 있는 시간적 여유를 가집니다. 열린 질문은 당신이 아이의 목소리(의견, 기호, 선택, 생각)를 존중하고 듣고 싶다는 것을 보여줍니다. 아이의 선택과 의견을 존중하지만 그렇다고 반드시 아이가 하자는 대로 할 필요는 없습니다.

결정은 서로 주고받는 의견 속에서 협상, 타협, 설득, 양보, 이해, 납득을 통해 함께합니다. 어린 아이와도 간단한 것, 특히 아이 자신과 관련된 것은, 서로 생각을 주고받고, 상의하고, 설득하는 연습을 할 수 있습니다. 아이는 어릴수록 자신의 의견을 고집하고, 같은 말을 반복하며 조르는 모습을 보이지만 이것은 자연스러운 성장과정입니다. 아이의 반응에 흔들리지 말고 의견을 들어주고, 물어보고, 협의하는 다양한 접근법을 아이가 어렸을 때부터 성공이나 실패 유무와 상관없이 실제로 자주 적용하고 연습합니다. 아이가 당신과 함께 성장하고 나눌 수 있는 대화의 깊이와 영역이 조금씩 확장되고 깊어집니다.

4. 아이가 스스로 문제를 다룰 수 있는 기회

어떤 문제나 장애물로 어렵고 힘들어하는 어린 아이를 보면 얼른 옆에 가서 도와주고 싶겠지만, 가끔은 멀리서 담담히 지켜보는 여유를 가질 수 있어야 합니다. 아이 스스로, 혼자서 문제를 해결할 수 있는 기회를 줍니다. 스스로 자신의 감정을 추스를 수 있는 시간과 공간을 허락합니다.

아이를 위해 당신이 모든 것을 나서서 대신해 줄 수 없습니다.

문제가 생길 때, '바로', '즉각' 해결해 줄 필요는 없습니다.

이것은 아이의 도움을 거절하거나 옆에서 보조해 주기를 거부하거나, 아이의 어려움을 무시하는 것이 아닙니다. 아이 스스로 할 수 있게 동기를 부여하고 아이의 성장과 배움에 대한 확신을 갖고 기회를 주면 아이는 당신이 자신을 믿고 지켜봐 주고 있다는 것을 느낍니다. 아이 스스로 문제를 다루는 역량이 커지고 해결할 수 있는 실력이 자랍니다.

물론 우리가 다시 처음부터 해 주어야 하고, 아이가 짜증을 내는 것을 보아야 하는 일이 생길 수도 있습니다. 그럴 때 연습과 성장의 부분이라고 다독여 주세요. 점차 아이 스스로 자신을 돕는 시간과 공간을 제공받음으로써 문제해결력, 자주성, 독립심, 인내심이 성장하게 됩니다.

지안이가 골라 봐.
지안이가 결정해.
지안이가 선택할 수 있어.
어느 것이 좋으니?

지안이가 골라 봐.
지안이가 결정해.
지안이가 선택할 수 있어.

아이에게 당신의 감정을 표현하거나 다른 의견을 말하고 싶을 때

부모가 아이에게 자신의 다양한 감정을 정직하게 솔직하게 표현하는 것은 건강한 육아법입니다. 실제로 호주와 뉴질랜드의 각종 육아전문잡지에서는 부모가 자신의 감정을 어떻게 관리하고 어떤 방식으로 솔직하고 적절하게 아이에게 표현할 수 있는지에 대한 기사가 자주 실립니다.

우리가 자신의 감정을 투명하게 아이와 공유할 수 있다는 이 단순한 사실은 육아에 있어서 전체적으로 큰 의미가 있습니다. 격하거나 강한 감정이 일어날 때, 아이가 받아들일 수 있는 수준과 매너로 표현을 다듬어야 하는데, 이 과정에서 일차적으로 감정이 정화, 조절되고, 두 번째로 자신의 감정을 지나치게 통제하고 억제하는 데서 오는 육아 스트레스가 줄고 자유로움을 느끼게 됩니다.

그리고 아이는 자신이 사랑하고 믿고 자신을 돌보아 주는 대상을 향해 공감과 위로 동정심을 느낄 수 있는 기회를 갖게 되는 것입니다.

우리는 아이의 입장에서 우리 자신의 솔직한 느낌, 기분과 감정을 표현하기 위해 보다 적절한 어구와 단어를 찾을 것이고 이는 우리가 보다 의식적으로, 깨어 있는 상태로 자기 자신을 들여다보게 합니다. 자주 반복되는 실전에서의 연습을 통해 우리의 표현 매너와 방식은 더욱 적절하고, 자연스럽고, 건강하고, 성숙해지게 됩니다. 그리고 아이는 이러한 우리의 모습을 통해 자신의 감정을 다루는 법들을 직간접적으로 체득하게 됩니다.

가족이 서로 자신의 감정이 판단이나 비난을 받지 않고 편안하게 공유되고 공감 받을 수 있는 열린 분위기는 아이가 신뢰감, 유대감, 안정감을 느끼며 성장하게 합니다.

Ingredients

1. 우리의 불만족스러운 감정이나 아이와는 다른 생각을 말하고 싶을 때, 보다 객관적인 시각으로 표현하려고 노력합니다.

그거 참 헷갈리는 일이네… / 화가 나는 일이야 / 안전해 보이지 않아 / 적절하지 않아 / 올바르지 않아 / 건강하지 않아 / 현명하지 않아.
내 생각에 다른 더 좋은 방법이 있는 것 같아.

다른 더 좋은 방법이 있지 않을까?

응, 지안이 생각도 좋아. (But이 아닌 And) '그리고' 엄마 생각은 이렇단다.

엄마는 이게 불만이야.

엄만 이게 속상해.

말 속에 나의 감정을 일으키는 대상을 '아이'가 아닌 '어떤 사건이나 일, 행동' 등에 두도록 합니다. 자신의 생각과 감정을 거리낌 없이 모두 드러내면서 상대에게 호소하라는 것이 아닙니다. 불평하고 하소연하는 것이 목적이 아니라(물론 말로 드러내면서 기대 이상으로 해소되는 부분이 있습니다.) 솔직하게 자신의 감정을 아이가 받아들일 수 있는 표현에 담는 것. 그래서 함께 교감하고 소통하는 것이 포인트입니다.

2. 아이는 자기가 잘못한 것이 있는지 걱정하고, 당신의 눈치를 보거나 본능적으로 당신의 기분을 살피고 있습니다. 당신이 극도로 피곤하거나 스트레스를 받고 있을 때는 이를 숨기거나 억지로 감추지 않고 아이에게 알려 주어도 괜찮습니다. 지금 당신의 부정적 상태가 아이와 직접적인 관련이 없으며 이를 당신 자신이 잘 인지하고 있다는 것을 공개적으로 알리는 것입니다.

지안아, 이거 엄마한테 너무 많은 일인 걸 / 좀 벅찬데 / 힘든 일이야.

그것을 다 하는 것은 엄마에게 무리야 / 지금은 어려운 일이야.

미안해 지안아, 지금은 엄마가 기운이 없어.

이거 곤란하네 / 난감하네 / 당황스러운 일이야.

엄마 생각에 이건 불공평해.

지안아, 엄마가 허리를 다쳐서 많이 아파. 그래서 지금은 해 줄 수가 없어/해 주기가 어려워 / 해 줄 수가 없을 것 같아 / 해 주기 힘들어.

지안아, 미안한데 지금은 엄마가 같이 놀 기분 / 상황이 아니야. 지안이랑 노는 건 좋은데, 지금은 엄마가 좀 쉬어야 해. 그래야 같이 놀 기운이 생길 것 같아.

지안아, 잠깐. 엄마가 숨 좀 돌릴게 / 진정 좀 할 시간이 필요해.

(먼 곳을 바라보거나 당신의 신체변화(가슴 두근거림, 얼굴 빨개짐, 어깨 결림 등)를 인지하며 강한 감정이 조금씩 몸을 관통하여 지나가고 있음을 머릿속으로 상상합니다.)

엄마는 지금 어떻게 하면 기분이 좀 나아질까 / 진정이 될까 생각해 보고 있어.

지안아, 엄마도 안는 거 좋아. 지금은 밥 먹고 있으니까 안으면 밥을 제대로 먹기가 불편해. 밥 다 먹고 크게 안자.

엄마가 이걸 혼자 다 하려니 좀 힘이 드네 / 쉬운 일이 아닌 것 같아.

잠깐 쉬고 다시 해야겠어 / 엄마 기운 좀 내고 해 볼게.

엄마 지금 숨을 좀 크게 쉬고 있어. 물 한 잔 마시고 있어. 그럼 좀 도움이 돼 / 진정이 돼 / 기분이 좀 차분해져 / 편안해져.

엄마도 지안이랑 지금 놀고 싶은데, 엄마가 기운이 없네. 엄마 잠깐 앉아서 커피 마시면서 십 분만 쉬고 지안이랑 놀게.

Tips

1. 감정을 표현할 때, 아이의 어떤 행동 / 일어난 사건 / 상황이 당신의 기분을 언짢게 하거나 피곤하게 하였는지를 말합니다. 감정이 격해지는 상황이 오면, 이런 생각을 해봅니다.

'와, 이거 힘들다. 벅차다. 지안이한테 말을 좀 해야겠어. 뭐라고 말할까. 어떻게 말하는 게 좋을까?'(아이는 나의 지금 상태를 알 필요가 있어.)

예를 들어, '지안아, 머리 잡아당기는 건 아픈 거야 / 당기면 아파.'라고 명확히 짚어서 이야기합니다. '엄마 설거지하고 있는데 지안이가 한꺼번에 너무 많이 부탁하고 있어. 그걸 다 지금 들어주는 건 엄마한테 힘든 일이야.'라고 합니다. 상대방이 아닌 '일어난 사건'에 대한 감정을 표현합니다.

'네가 나를 아프게 해.', '너 때문에 내가 힘들어 / 아파.', '지안이가 엄마 힘들게 하네.'라고 말하는 것은 '네가 나를 그렇게 만들었다.'라는 뜻이 함축되어 상대를 비난하는 것처럼 들릴 수 있습니다. 이것은 자신의 내면에서 일어나는 일들이 자신의 의지나 책임과 상관없고 오직 외부 요인들로 인해 좌지우지 된다는, 자신은 감정 상태에 대한 책임이 없고, 상대(상대방이나 바깥세상)에게 있다는 숨겨진 메시지를 줍니다.

사실 어떤 일이 일어났을 때 그 일에 반응하는 감정은 모든 사람이 같지 않습니다. 같은 일을 접했을 때 어떤 사람은 개의치 않고 사사롭게 기억도 못할 일로 지나가는 반면 어떤 사람은 계속 괴로워하고 곱씹어 보며 힘들어합니다. 내면의 감정들은 자신의 과거 경험과 성향을 바탕으로 생각 / 관점 / 태도 / 시각에 의해 만들어진 것입니다. 생각과 시각을 조금 달리하면 그것을 받아들이는 태도, 감정이 주는 느낌이 달라지는 것을 알 수 있습니다.

2. 자신의 감정을 일으킨 외부요인에 대해 지나치게 집중하는 것은 도움이 되지 않습니다. 자신의 감정과 일어난 일에 대해 반응하는 성숙한 자세는 그것에 영향을 받은 자신의 내면상태에 대해

책임의식을 갖는 것입니다. 성숙한 자세는 외부요인들에 대한 비난, 불만이나 불평을 멈추게 하고 온전히 자신 속으로 들어가 내면에 집중하게 합니다. 자신이 너무 예민한 것은 아닌지, 감정의 기복이 심한 것은 아닌지 등을 물으며 자신을 판단하고 탓하고 후회와 죄책감을 가지라는 것이 아닙니다. 자기 안에 집중한다는 것은 자신의 삶(삶이 주는 여러 상황과 경험들)에 의미 있는 변화를 만들 수 있는 존재를 자기 자신으로 인식하고 있으며 주인의식과 책임의식을 갖고 내면을 돌본다는 것입니다.

3. 많은 부모들은 아이들에게 자신의 감정을 솔직하고 투명하게 드러내는 것을 두려워하기도 하고 많이 절제합니다. 아이가 혹시나 받을 수 있는 충격이나 부정적인 영향으로부터 보호하고자 하기 때문입니다. 그러나 당신의 상태에 대해 아이와 함께 나누는 것은 양방향 소통의 일부이며 자연스러운 일입니다. 당신도 다양한 감정과 생각을 느끼는, 아이를 포함한 다른 여러 사람 중의 한 명이며 이것을 아이도 어린 시절부터 자연스럽고 건강하게 경험하며 알아갈 필요가 있는 것입니다. 불편하고 어려운 감정을 포함하여 다양한 색깔의 감정을 느끼는 것은 너무나 자연스럽고 건강한 일이며 중요한 것은 이것을 어떻게 적절하게, 건설적으로 다루고 풀어내며 표현하는가에 있습니다.

4. 아이와 당신의 상태 및 감정을 공유한다고 해서 당신의 모든 것을 아이와 함께 다룰 수는 없습니다. 감정을 표현한다는 것은 그

것을 상대와 공유한다는 뜻입니다. 상대가 받아들일 수 있는 매너, 수준, 상황을 감지하고 적절하게 표현하는 것이 중요합니다. 사회문화적 관점이 고려된 성숙한 기준으로 아이의 학습, 성장 및 발달을 해치지 않는 선에서 적절하게 선별되어야 합니다. 예를 들어, '오늘 할머니가 돌아가셨어. 엄마 너무 슬퍼. 눈물이 막 나와.'라고 깊은 슬픔과 애도를 표현하는 것은 아이가 받아들일 수 있는 범위 안에 있습니다. 그러나 '어젯밤에 지안이 아빠가 집에 들어오지 않았어. 그래서 엄마가 화가 나는 거야.'라는 말은 옳지 않을 것입니다. 아이를 엄마와 아빠 사이의 관계에 대해 불안하게 하고 걱정하게 만들기 때문입니다. 아이가 자세한 의미는 이해할 수 없더라도 엄마, 아빠라는 단어와 엄마의 보디랭귀지를 통해 본능적으로 불안함을 감지합니다.

5. 감정을 투명하고 솔직하게 나눈다는 것은 당신의 세세한 감정의 동요나 급작스러운 변화 등을 모두 혹은 자주 드러내도 된다는 뜻이 아닙니다. 보호자의 예측할 수 없거나 일관성이 없는 태도와 감정은 아이와의 관계에 신뢰를 떨어뜨리고 아이의 내면을 불안하게 합니다.

6. 감정표현을 하고 하지 않고는 결국, 우리 각자의 선택입니다. 어떤 육아법이든 전문가들이 그것이 좋다고 해서 익숙하지 않고 원하지 않는데 굳이 할 필요도 없고, 권하는 방법 그대로 해 보려고 반드시 힘들게 노력할 필요도 없습니다.

어떤 방식으로든 – 아이의 성장 발달, 당신 내면의 상태에 – 의미 있는 변화를 주고자 할 때는 당신과 아이의 성향 및 역량과, 당신과 아이를 포함한 주어진 상황이 허락하는 내에서 조금씩 새로운 것을 시도하거나 성장과 배움에 대한 의지를 갖고 진행해 볼 수 있습니다.

당신의 다양한 감정과 생각을 큰 부담 없이 아이와 함께 공유하고 공감해도 괜찮다는 것을 안다는 것은 당신에게 생각보다 더 큰 자유를 줍니다. 당신의 감정을 드러내는 것을 두려워하지 않고 스스로 자연스럽게 받아들이며 이를 당신의 가치관과 삶에 대한 철학 등으로 다듬고 적절하게 표출하는 법에 익숙해질수록 당신은 더욱 인간적이고 솔직하고 편안한 육아를 할 수 있습니다.

이성, 감정과 사랑에 빠지다

우리에게 감정은, 늘 그런 것은 아니지만, 대부분 우리의 삶 속에서 이성에게 조종 받고, 조절되고, 통제받음으로써 관리되어야 하는 조금은 성가시고 약간은 귀찮은 존재로 여겨지고 있습니다.

체계적으로 교육받고 학습된 우리의 '이성'은 자신의 정돈된 사고의 흐름, 현명함, 사리 분별력을 방해하고 간섭하는 말썽꾸러기 감정이 가끔 불편합니다. 똑바로 잘 서 있고 싶은 자신(이성)의 옆구리를 콕콕 찔러 가며 뭐하냐고 묻습니다. 나 좀 보라며 관심 받고 싶어 하는 감정은 마치 응석받이같이 보입니다.

부처의 해탈과 플라톤의 이데아로부터 내려오는 수준 높은 이성 Higher-self에 대한 갈망과 필요는 어떻게 하면 우리 삶을 덜 고통스럽게 만들고 더 행복하게 할 수 있는지를 고민하게 합니다. 그러나 감정은, 우리의 이러한 절실함을 아는지 모르는지, 여전히 감각의 본능에 충실하며 내 이성이 더 높은 수준에 닿으려 할 때마다 원치 않는 자국을 남기며 장난을 칩니다.

우리의 세포엔 여러 세대를 거쳐 축적되어 온 명확함, 밝음, 혜안, 통찰력이 스며들어 있습니다. 그러나 감정은 변덕이 심하고 앞뒤가 다른 여러 모습 즉, 분노, 슬픔, 화, 기쁨, 만족 등의 일시적 기분과 충동적 감정이 뒤섞인 변화무쌍한 성격으로 완전함과 명확함을 지향하는 이성을 어지럽힙니다. 이러한 일관성 없는 활동으로, 결국 언젠가부터 감정은 우리에게 신뢰받지 못하기에 이르게 됩니다.

감정이란 정말 철없는 천연덕꾸러기일까요.
우리에게 감정이란 무엇일까요.

우리 내면의 중심Core-self, 진정한 자아True-self는 심연 속에서 강력한 에너지를 내뿜습니다. '진정한 나'의 모습이 따뜻하고 긍정적인 것이라는 것은 누구도 부정할 수 없을 것입니다. 사회적 테두리 안에서 교육받고 학습한 주변의 기준과 기대가 아닌, 온전하고 순수한 자기 내면의 부름, 원함, 필요에 의한 움직임과 성취는 몸과 마음이 하나가 된, 어떠한 의심과 분열도 없는 뿌듯함, 만족, 희열, 안정, 평안, 기쁨으로 나타납니다. 감정이 태어나는 곳, 우리의 마음은 우리가 무엇을 원하는지 알고 있습니다. 그리고 우리 내면에서 일어난 이러한 사적인 직관, 감정, 선험적 지식, 본능적인 의식을 다른 사람에게 이해시킬 때 쓰이는 것이 우리의 '이성'입니다.

우린 감정을 타고났습니다. 어려서는 감정의 크기가 이성보다 크지요. 어린 아이들은 자신의 감정에 충실합니다. 그리고 시간이 흐르며 몸과 머리가 자라면서 이성은 급속도로 성장하고 발달하며 이후 꾸준히 훈련받게 됩니다.

그런데 돌이켜보면, 우린 감정에 대해 제대로 교육받은 적이 없습니다. 감정을 어떻게 다루고, 다른 사람과 나누며, 감정을 어떻게 실제로 '써야' 하는 것인지에 대해 막연하고 추상적인 근삿값만 배울 뿐 직접적으로 알고 연습하는 것은 지극히 개인의 몫이 되어 버립니다. 감정 덩어리로 태어난 우리는 이성의 중요성과 그 필요에 압도당하여 감정을 저 밑으로 가라앉혀 버렸습니다. 떠오르려 하면 다시 밀어서 잠기게 하였고 그렇게 우리의 무의식은 진지하게 다루어지지 못한, 이해받지 못한 감정들로 가득 차게 되었습니다. 안쓰러워라. 감정이란, 참으로 존중받지 못한 존재가 되었습니다.

자신의 감정을 어떻게 표현하는 것이 상대가 건강하게 받아들일 수 있는 수준인 것인지, 서로가 교감하고 마음이 연결될 수 있으려면 어떻게 해야 하는지에 대해 우리는 필요한 만큼의 환경을 경험하지 못하였습니다. 우린 강한 감정이 몰아칠 때 이런 나의 상태를 상대가 알아주길 바랍니다. 이해 받고 위로 받고 싶어서입니다. 그러나 나의 실망과 섭섭함을 토로하면, 상대는 나를 이해하려 하기보다는 거부하고 부담스러워하고 심지어 화를 내기도 합니다. 화술을 연마하고 심리학을 연구해서 내 감정을 잘 전달할 수 있는 포장지로 감싸서 조심스럽게 건네주어도 상대는 나를 성숙하지 못하다고 비난하고, 받아줄 수 없다며 피하고, 철없다고 핀잔을 줍니다. 상대가 이런 나를 받아줄 거라 믿고 용기를 내어 감정을 표현한 경우엔 그 상처가 더욱 큽니다.

아마, 보통의 삶을 살고 있는 피곤하고 바쁜 우리에겐, 감정적이란 것은 그 자체로 성숙하지 않은 모습인가 봅니다. 자신의 감정 처리에도 바쁘고 손이 부족하여 다른 사람의 그것까지 받아 내기엔 너무 벅차기 때문입니다. 준비되지 않은 상태에서, 누군가로부터 예상치 못한 감정을 표현 받는 것이 때론 괘씸하게까지 느껴지는 것은 바로 이 때문일 것입니다.

이젠, 우리가 감정을 바로 보고 그를 제자리에 돌려놓을 때입니다.

공감하는 능력, 자기치유, 행복, 두려움을 극복하는 법, 성공하는 법, 인정받는 법, 대인관계의 기술 등 모든 일상 속의 문제에 대한 열쇠는 바로 '나를 사랑하는 법'에 있다고 하지요. 그리고 나 자신에 대한 연민, 공감, 사랑이 이루어질 때 자기 자신을 둘러싼 겹겹의 배경 – 가족, 친구, 동료, 일, 돈 등 – 들과 건강한 관계가 만들어질 수 있다고 합니다. 그런데 이런 나를 제대로 잘 사랑하기 위해서는 가장 먼저 필요한 것이 있습니다. 나의 감정과 친해져야 하는 것입니다.

감정과 이성은 서로 사랑에 빠지길 원합니다. 사랑은 종속이나 상하관계가 아닌 동등한 입장일 때 그 관계가 건강하게 유지될 수 있습니다. 사실, 이성에게 감정에 봉사하라고 말하고 싶지만, 이성이 지금까지 누린 왕좌의 자리에 대한 자존심을 지켜주는 차원에서, 둘을 사랑에 빠지게 하는 것으로 만족하려 합니다.

우리가 이성과 감정의 사랑을 허락한다면, 우리에게 필요한 것은 무엇일까요.

양자물리학이 말하는 것처럼 우리 몸의 근본이 진동하는 에너지라면 감정은 비로소 선과 악을 벗어나 자유로워질 수 있게 됩니다. 감정이란 우리 몸속에서 서로 다른 주파수로 진동하는 파동일 뿐일 테니까요. 여기에 우리가 예술작품, 시, 철학 등으로 내가 원하는 색을 입혀 볼 수 있습니다. 이왕이면 아름답고, 평화롭고, 밝고, 의미 있으며, 힘 있고 고운 색을 골라서 말입니다. 오랫동안 많은 사람들의 공감을 받으며 인간의 본성과 삶의 의미를 노래해온 고전문학과 고전철학으로부터 우린 큰 도움을 받을 수 있을 것입니다.

책은 글로 음악은 선율로 그림은 빛으로 마음에 그리는 그림입니다. 이 마음에 그리는 그림의 공통점은 창조적이고 독창적이라는 것입니다. 오늘부터, 지금까지의 부정적 색을 벗어던진, 힘들고 거친 감정들은 나를 창조적이게 하고 건설적으로 만들어 주는 고마운 존재가 될 수 있습니다. 지난날의 감정들이 나를 성숙하게 한다면, 감정은 내게 삶의 교훈을 주러 온 메신저가 될 수도 있습니다.

우리를 진심으로 아끼고 소중히 여기는 것은 바로 우리의 '감정'입니다. 감정은 연약한 존재인 우리를 더욱 인간답게 해주고 삶을 고귀하게 만들어주는 고마운 '힘의 원천'입니다.

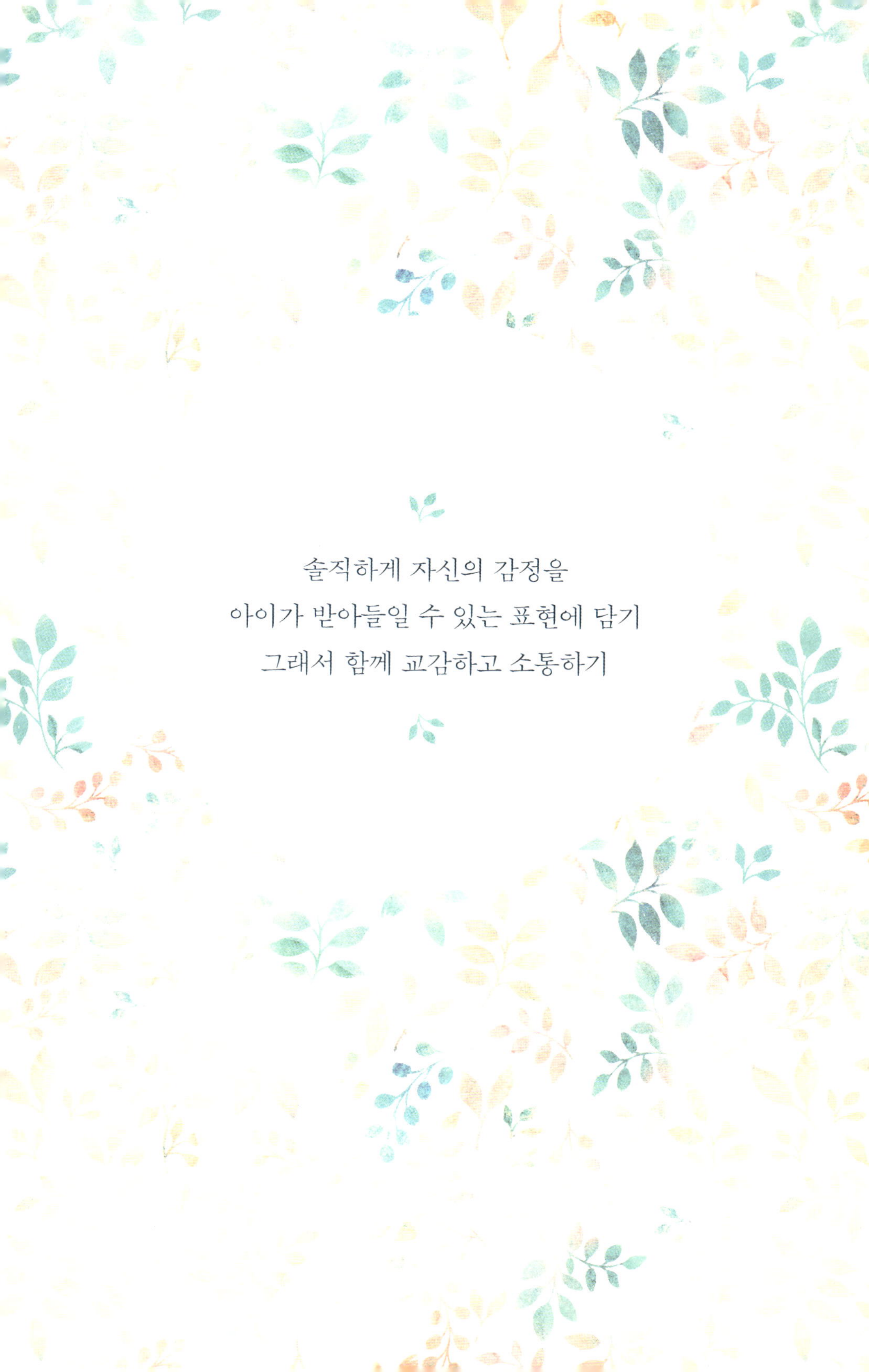
솔직하게 자신의 감정을
아이가 받아들일 수 있는 표현에 담기
그래서 함께 교감하고 소통하기

자기 자신을 사랑한다는 것

자기 자신에게 집중하고 감정을 마주하면 그 중심엔 언제나 우리를 기다리고 있는 하나의 질문이 있습니다.

'나는 나를 사랑하는가.'

자신을 사랑한다는 것은 어떤 것일까요. 자기 자신을 충분히 사랑하는 사람도 그 마음이 언제나 흔들림 없이 매 순간 지속되지는 않을 것입니다. 삶의 굴곡 속에서 의심되고 약해지고 희미해지고 어느 순간엔 자신이 실망스럽고 싫어지기도 합니다.

그래서 어쩌면 이렇게 묻는 것이 더 맞는 표현일 수 있습니다.

우린 우리 자신에 대한 사랑을 태어나면서부터 지니고 있습니다. 그리고 그 사랑은 영원하지만 연약하기에, 꾸준히 가꾸고 돌보아 져야 합니다. 우린 스스로가 완벽하기 때문에 우리 자신을 사랑하는 것이 아닙니다. 더욱 성숙하고 완전해진다고 해서 갑자기 자신을 사랑할 수 있는 용기가 생기는 것도 아닙니다. 자신을 사랑한다는 것은 스스로 아닌 것 같다는 의심이 들 때마다 떠올리고 기억해야 하는(새롭게 만드는 것이 아닌) 익숙하고 따뜻한, 편안한 감정입니다.

높은 자존감은 한 사람이 사는 데 있어 그가 보고 겪는 모든 것의 의미를 좌우할 견고한 바탕이며 비옥한 땅이 됩니다. 자신을 사랑하려면 우린 무엇을 할 수 있을까요. 사람마다 개성은 다르지만, 누구에게나 적용되는 확실하고 효과적인 방법 몇 가지를 소개합니다.

1. 자기 자신을 사랑하는 마음에 문을 열어 주는 열쇠는 자신을 향한 동정심과 연민을 갖는 것입니다. '연약한 나, 완벽하지 않은 나, 부족한 나. 그래도 괜찮아. 이 정도면 괜찮아. 그렇기 때문이 아닌,

그럼에도 불구하고 너는 참 괜찮은 아이야.'라고 말해 주는 것입니다. 이런 말을 스스로에게 할 수 없을 때조차도, 해주어야 하는 말입니다. 고생하고 있고 노력하고 있다고, 내가 그것을 안다고 따뜻하게 받아주는 것입니다.

2. 자기 안에 사랑이 가득 차고 이것이 흘러 넘쳐서 다른 사람에게 흘러 들어가는 것이 건강한 사랑의 방향이라고 우린 알고 있습니다. 물론 맞는 말이지만, 이와 반대로, 내 안에 나에 대한 사랑에 확신이 없고 자신이 없을 땐, 주변에 관심과 도움을 줌으로써 사랑의 순수한 소재를 경험하면서 내 안의 사랑을 자라나게 할 수 있습니다.

주변에서 인정받고 사랑받고 감사 받으면서 자라는 사랑은 내 안에 늘 허전한 공간을 채워주진 못합니다. '도움을 주는, 줄 수 있는, 주려고 하는 나'를 보고 느끼면 내 안에 어딘가 모르던 부족한 부분이 채워지고 사랑이 쑥쑥 자랍니다. 다른 사람을 도울 때 우리의 몸에선 행복을 느끼게 하는 호르몬 세로토닌이 나옵니다. 그리고 자신이 직접 하지 않고 누군가가 도움을 주는 것을 보는 것만으로도 자신이 직접 하는 것과 똑같이 세로토닌이 나온다고 합니다.

나의 삶, 나라는 존재를 세상을 도울 수 있는 있는 필요한 존재로 인식하고 그 방법을 생각하고, 고민하고, 찾아보고, 작은 단위로 쪼개어 가볍고 작은 것부터 실천해보고, 봉사와 나눔, 사랑, 감사에 대한 영상과 책을 보고, 주변 사람들과 그런 얘기를 나누는 것만으로도 우린 자신에 대한 사랑, 자존감을 자라게 할 수 있습니다.

3. 글쓰기는 실제로 심리치료사들이 내담자들에게 권하는 그 효과가 입증된 훌륭한 자기치유 방법입니다. 잘 쓰고 못 쓰고는 중요하지 않습니다. 자신의 생각을 글로 생각나는 대로, 느낌 가는 대로, 적고 싶은 대로 주욱 적는 것도 좋고 블로그, 짧은 시, 일기, 내가 써보는 자서전 등 주제를 택해서 써보는 것도 좋습니다.

Part. 4
DESSERT

육아를 건강하고 편안하게 하려면
우리의 정신, 마음, 영혼에 있어서
진실로 무엇이 부족하고 필요한지 알아야 합니다.
우리 자신이 누구이고, 무엇을 원하고, 무엇이 두려운지
제대로 알 때 아이를 더욱 깊게 이해할 수 있습니다.
이것은 우리의 무엇이 아이에게 투영되고 있는 것인지를
볼 수 있게 하고 현재를 온전히 현재로서,
아이를 온전히 아이의 모습 있는 그대로 보게 합니다.
우리의 육아를 더욱 달콤하고
부드럽게 해 줄 수 있는
몇 가지 재료를 소개합니다.

육아를 달콤하게 해 줄
3Ps: Pray, Play and Peace

'3Ps'는 몸과 마음이 건강한 육아를 위해 필요한 3가지 요소를 말합니다. 기도Pray, 놀이Play 그리고 평화Peace를 키워드로 놓고 육아를 하면 바쁘고 정신없는 일상 속에서도 잠깐의 여유를 갖게 되고 놓치지 말아야 할 핵심이 무엇인지 늘 기억하게 해 줍니다.

1. Pray

여기서 말하는 기도란 종교적 행위를 말하는 것이 아닙니다. 기도는 종교인들만의 의식이 아닙니다. 기도는 우리와 아이를 둘러싸고 있는 세상 속에서 감사하고 염원하는 마음과 긍정적이고 희망적인 마음가짐을 표현하는 방법 중의 하나입니다. 이것은 생각보다 더 크게 우리를 치유하고 에너지를 줍니다. 기도를 통해 겸손하고 감사하는 마음으로 희망과 꿈, 목표를 향해 긍정적인 에너지를 발산하게 되고 이는 다시 우리에게 의욕, 원기, 동기를 채워주어 긍정적인 에너지를 갖게 합니다.

일상 속에서 아이와 함께 우리가 속한 지구와 그것을 넘어선 우주적 차원에까지 접근하여 감사함과 소중함을 표현해 보세요. 음식, 물, 아름다운 자연과 날씨, 공기, 햇빛, 당신과 아이에게 소중한 사람들을 포함하여 당신이 말하고 생각하는 모든 것이 대상이 될 수 있습니다. 좋아하는 사람과의 즐거운 시간, 함께 있음의 소중함을 알며 실패와 실수 같은 경험도 그것을 통해 배우고 성장할 수 있음에 감사하는 마음을 아이와 함께 나눌 수 있습니다.

돈이 부족해 먹고 싶은 것을 먹지 못하는 것이 짜증 나다가도 그래도 밥은 굶지 않는 것이 고맙고, 뜨거운 물이 나오지 않는 것이 속상하다가도 차가운 물이라도 쓸 수 있으니 감사하다는 생각이 들게 됩니다. 이것은 주어진 것에 만족하는 소극적인 삶과는 다릅니다. 평소에 당연시했던 것들, 일상의 소소한 것들에 감사하는 연습을 하면 감사하고픈 새로운 일이 더 많이 생기고 인지됩니다. 이것을 한 번 경험하면 우리의 삶에 대한 태도는 전과 같지 않게 됩니다. 그리고 우리의 삶은 조금씩 더욱 풍요로워집니다.

2. Play

자연 속에서 보내는 시간을 늘리고 자연과 함께 놀아 주세요. 자연은 우리에게 가장 소중한 친구이자 우리에게 에너지를 주는 뿌리이자 줄기입니다. 자연은 그 존재 자체로 우리를 다양한 방식으로 치유해 줍니다. 산 위에 올라가서 아래를 내려다보거나, 드넓은 바다, 하늘을 보고 있거나 자연의 움직임을 유심히 보거나, 흙을 온몸으로 느끼며 체험하거나, 입을 통해 자연을 섭취하는 순간을 즐길 때 우리의 복잡했던 생각은 잠시 멈추게 됩니다. 이 잠깐의 멈춤은 쉴 새 없이 흐르던 크고 작은 생각들로부터 당신을 쉴 수 있게 해 줍니다. 당신이 의식하지 못했던 스트레스까지 관리할 수 있는 여력을 줍니다. 아이를 자연이 주는 그대로의 모습에 초대하여 느림, 잠깐의 멈춤, 조용함, 편안함, 햇빛의 따뜻함, 바람의 시원함 등을 의식적으로 그리고 온 감각으로 느낄 수 있는 기회를 함께 나누어 보세요.

3. Peace

육아에 있어 '평화로움'이란 우리와 아이의 내면의 웰빙을 위하여 굉장히 중요한 요소입니다. 우리는 언제나 마음의 평화를 원하고 느끼고자 하지만 사실 아이를 챙기다 보면 하루가 어떻게 지나가는지도 모르게 바쁘고 정신이 없습니다. 시간을 넉넉히 잡아도 늘 부족하고, 정신을 차려보지만 마음의 여유는 찾기가 힘이 듭니다. 여기 육아에서 '평화로움'을 되찾기 위한 몇 가지 방법이 있습니다.

1) 장난감

특정한 목적과 방법이 있는 장난감의 수와 종류를 줄입니다. 완벽한 구성으로 만들어진 장난감은 조금 갖고 놀고 익숙해지면 질리고 더 강하게 호기심을 자극하는 새로운 다른 것을 원하게 됩니다. 대신 실생활용품, 재활용품 등을 이용한 열린 재료를 아이의 놀잇감으로 씁니다.

열린 재료란 아이가 창의적으로 자유롭게 자신의 목적과 때에 따라 용도와 쓰임을 다양하게 달리 하여 쓸 수 있는 놀잇감을 말합니다. 놀기 안전하며 비교적 위생적인 것들ㅡ시리얼 박스, 빨래집게, 플라스틱 등으로 만들어진 주방기구, 색종이 자른 것, 요리용 집게, 페트병 뚜껑 등ㅡ을 비롯하여 돌, 나무, 나뭇잎 등 자연소재들을 재료로 할 수 있습니다. 아이는 통에 넣고 흔들기도 하고, 요리용 집게로 재료를 옮겨보거나, 뚜껑과 면봉, 색종이, 놀이 반죽으로 공룡을 만들 수도 있습니다.

2) 깨어 있기

매일의 일상 속에 잠시 '일시정지' 버튼을 누르고 현재 당신이 느끼는 바에 집중합니다. 과거 후회나 잘못, 미래에 대한 걱정 등 다른 생각이나 목적을 버리고 현재에 존재하는 지금의 당신에 집중합니다. 이것은 '깨어 있는' 연습을 하는 것입니다. 부정적인 느낌이 든다면 느끼게 놔둡니다. 그리고 그 느낌에 의해 당장 반응하여 행동하진 않습니다. 느낀다는 것을 알고 그것을 왜 느끼는지, 그리고 어떻게 하면 없어질까 생각하는 것도 하지 않는 것입니다.

죄책감이나 후회를 하는 것도 하지 않습니다. 당신의 그 기분, 감정, 생각을 매고 있지 않으면 그것은 당신의 몸에 머물다가 흩어질 것입니다. 몸과 내면의 변화를 관찰하며 그것이 지나가게 둡니다. 감정에 휘둘리지 않고 당신이 감정을 조절하고 관리하고 싶다면, 감정이 의미하는 바를 새롭게 인식하는 것이 도움이 됩니다. 감정이란 당신에게 삶의 교훈을 주기 위해 신이 주는 선물이라고 생각하는 것입니다. 화나 분노라는 불편한 감정도 당신에게 주는 메시지가 있습니다. 당신이 배웠으면, 다시 기억해 냈으면, 발견했으면, 성장했으면 하는 부분에 대해 말해 줍니다. 열린 마음으로 그 메시지를 듣고자 할 때 감정의 격한 부분은 당신을 관통하여 지나가고 필요한 교훈은 남아 우리 영혼의 양분이 됩니다.

3) 조용한 시간

조용한 시간이란 서로 옳고 그름, 좋음과 나쁨의 구분과 판단, 특정한 행동, 움직임, 방향, 계획 없이 그저 순수하게 현재에 함께 있는 것에 집중합니다. 시간의 길이는 상관없습니다. 5초가 될 수도 있고 10분이 될 수도 있습니다. 현재가 이끄는 대로 자유롭게 있는 것입니다. 조명을 어둡게 하거나 좋은 향이 나는 촛불을 켜놓아도 좋습니다. 아이가 조용한 시간을 거절할 수도 있지만, 괜찮습니다. 중요한 것은 조용한 시간을 아주 잠시라도 가질 수 있는 기회를 주고, 아이의 선택을 열린 마음으로 받아들이는 것입니다.

육아, 나를 찾는 여행

부모가 된 순간, 육아는 당신의 삶 그 자체가 됩니다. 여행이 시작되면 완벽한 쉼도, 종착지도 없는 끊임없이 만감이 교차하는 순간의 연속을 경험합니다.

우리는 자주 스스로에게 묻습니다.

'내가 잘하고 있는 건가.'
'나는 좋은 부모일까.'
'육아가 왜 이토록 어렵고 힘든 것일까.'

육아는 우리 안으로의 여행입니다. 아이는 우리가 이끌고 안내해야 하는 연약한 존재를 넘어서서 당신과 동등한 존재, 함께 걷는 영혼의 동반자입니다. 아이는 우리가 우리 자신과의 관계가 어떠한지를 알려 주고 있습니다. 우리가 상황을 뜻하는 대로 대처하는 것이 힘들어질수록 우리는 우리 자신과의 관계에 자신이 없고 진정한 자신과 마주하기를 외면하고 있으며 당신 자신에 대한 관심과 애정이 부족하다는 것을 의미합니다.

우린 아이를 돌보는 만큼 자신을 돌보는 데에 더욱 익숙해져야 합니다.

자신을 돌본다는 것은 자기 자신과의 관계를 건강하고 친밀하게 가꾼다는 뜻입니다.

자기 내면의 상태를 따뜻한 눈으로 보듬어 주는 것입니다.

자신에게 관심과 애정을 갖고 힘들어하면 공감해주고 잘못하면 위로해주는 것입니다.

이것은 시간이 여유롭고 물질적으로 풍요로운 부모가 누리는 호화로운 사치나 호강도 아니며 우리가 누릴 수 있는 정당한 권리나 노력했다고 스스로에게 주는 보상의 개념이 아닙니다. 자신을 잘 돌본다는 것은 하나의 존재, 사람으로서, 자연스럽게, 일상 속에서 늘 의식적으로 해야 하는 일입니다.

자신을 돌본다는 것은 자기 존재에 대한 책임과 정성을 다하는 것입니다.

육아에 대한 신념과 가치

육아에 있어서 자신이 아이를 바라보고 이해하는 관점과 육아에 대한 마음가짐과 태도를 자신의 인생철학과 신념, 가치를 바탕으로 설계하고 그려 나가는 것은 매우 중요합니다.
당신이 육아에 대해 믿고 있고 중요하다고 생각하는 것들이 있다면 무엇인가요.

아래는 이 책이 담고 있는 육아에 대한 관점입니다.

- 아이가 매일 성장하듯 부모도 매일 자랍니다.
- 아이는 놀이를 통해 배우고 성장합니다. 부모는 육아를 통해 배우고 성장합니다.
- 아이는 자라면서 자신을 의식하고 깊이 알아갑니다. 부모는 육아를 통해 자신을 더욱 깊이 알아가고 내면과 조우합니다.
- 육아는 부모가 더욱 발현해야 하는 숨겨진 부분을 자극시키고, 좋은 부분은 자주 써서 강하게 합니다.
- 육아는 자신이 접하지 못했던(혹은 기억하지 못하는) 다양한 감정,

경험을 떠올리거나 겪게 하고, 진정한 자신의 모습, 성격, 인성, 성향, 기질을 만나게 합니다.

- 우리 모두는 어린 시절부터 쌓인 자신만의 내적인 힘, 잠재력, 용기, 지혜, 현명함이 있습니다. 그리고 이것은 육아에서 자주 부딪히는 어려운 상황을 건설적으로 다룰 수 있게 합니다.

- 우리의 삶에 대한 철학, 사는 방식, 관점은 아이를 대하는 태도의 기반이 됩니다. 뚜렷한 삶의 목적, 건강한 의지와 신념은 소신 있는 육아 스타일을 만들고 이것은 일상에서 주변으로부터 오는 스트레스를 덜어 줍니다.

- 아이와 소통하고 교감하고 공감하기 위해서는 아이를 바라보는 우리 자신에 대해 제대로 아는 것, 즉 우리 자신에 대한 깊은 관찰과 탐색이 먼저 입니다.

- 훌륭한 육아법은 아이만 훌륭히 성장시키는 것이 아닙니다. 우리 자신의 내면의 힘과 잠재력을 이끌어 내어 밖으로 표출시킵니다.

- 우리가 육아를 통해 우리 자신의 긍정적인 모습을 더욱 발현하고 성숙되기를 선택하는 순간 육아 스트레스는 줄어 들고 어려운 상황에 담대하게 마주할 수 있습니다.

- 전문가들의 의견이나 육아 방식에 대한 대중적인 흐름에 대해서는 자기 자신의 신념과 철학에 비추어 선별하고 걸러야 합니다.

- 육아에서 가장 깊게 다루어져야 하는 부분은 바로 우리 자신입니다.

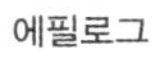

이 책에서 '육아가 당신을 성장시킨다.', '당신을 성장시키는 기회다.'라고 하는 말이 있다면 그것은 다음과 같은 뜻입니다.

당신이 태어난 이후부터 쭉 당신의 마음속에 잠재되어 있는 진정한 욕구.

당신의 존재 이유.

당신을 더욱더 인간답게 만드는 연약한 부분을 포함하는 다양한 감정들은 소중하다는 것.

강한 감정은 당신에게 주는 메시지가 있다는 것.

잔잔한 상태에서는 몰랐던 더 깊은 내면과의 조우를 할 수 있다는 것.

당신도 당신의 아이처럼 가치 있고 소중하다는 것.

당신도 당신의 아이처럼 당신만의 가능성과 잠재력이 있다는 것을 깊이 느끼고 알게 되는 경험을 하는 것.

그 자체가 진정한 성장입니다.

의미 있고 건강한 육아는 진정한 당신을 만나게 합니다.

아이를 배우고 아이를 경험하고 아이를 키우는 것은 육아의 작은 조각일 뿐입니다.

전체적인 그림은 진정한 당신을 알아 가고 경험하며 내면에 당신만의 조각들을 맞추어 가는 것에 있습니다.

작은 천국 나의 아이들

정명수 지음 | 값 25,000원

이 책 『작은 천국 나의 아이들』은 30여 년간 아이 사랑의 한길만을 걸어온 지성유치원 정명수 원장의 행보를 통해 초등학교 취학 이전의 어린 아동들을 가르치는 교육자가 어떠한 소명 의식을 가지고 맡겨진 길을 걸어야 하는지 우리에게 이야기해 준다. 결코 쉽지 않은 아동 교육의 현장에서 굳건한 신앙이 가져다준 소명의식과 아이들에 대한 사랑의 마음을 통해 희생과 봉사, 책임감을 갖고 살아가는 한 교육자의 인생을 읽을 수 있다.

맛있는 호주 동남부 여행

이경서 지음 | 값 15,000원

책 『맛있는 호주 동남부 여행』은 『맛있는 삶의 레시피』의 저자 이경서가 전하는 새로운 맛있는 여행 이야기이다. 작은아들 내외가 살고 있는 시드니, 그리고 시드니를 거점으로 하여 대중교통을 이용하는 그의 여행은 일반적인 여행사의 여행으로는 경험할 수 없는 색다른 즐거움을 선사한다. 그저 구경만 하는 여행이 아니라, 마치 신대륙을 모험하듯 여행하는 그의 여행기는 도전적인 여행을 꿈꾸는 모든 이들에게 훌륭한 안내서가 될 것이다.

학교를 가꾸는 사람들

김기찬 지음 | 값 15,000원

책 『학교를 가꾸는 사람들』은 30여 년의 교사 생활, 그리고 12년간 서령고등학교의 교장을 역임한 저자의 교육 기록이다. 저자는 교사로부터 시작해 학생을 위한, 학생에 의한 학교를 만들고, 학생과 교사뿐만이 아닌 학부모와 졸업생, 지역 인사에 이르는 폭넓은 교육 협업으로 진정한 교육의 장을 일구어낸다. 그가 기록한 충남 서산에 위치한 전국 명문고, 서령고등학교의 역사는 대한민국 교육의 새로운 빛이 될 것이다.

오색 마음 소통

이성동 지음 | 값 15,000원

책 『오색 마음 소통』은 바로 그에 대한 해답을 알려준다. '소통은 말과 글로만 하는 것이 아니다. 마음으로 하는 것이다!'라는 책의 부제에서 알 수 있듯이, 우리가 그간 소통에 실패한 이유가 바로 '마음'이 아닌 말과 글로 소통을 하려 했기 때문이라고 말한다. 말과 글은 소통을 하는 수단으로써만 쓰여야 할 뿐, 주(主)가 되어야 하는 것은 바로 '마음'이라는 것이다. 이 책은 소통의 어려움에 부닥친 사람들을 위해 친절히 소통의 과정을 안내하고 있다.

나의 행동이 곧 나의 운명이다

김현숙 지음 | 값 15,000원

책 『나의 행동이 곧 나의 운명이다』는 과거 여성의 권위가 제대로 인정받지 못하던 시절부터 수많은 역경을 극복한 ㈜경신 김현숙 회장의 이야기를 담고 있다. 망설이지 않고 행동으로 실천하며 도전정신을 잃지 않아 해낼 수 있었던 많은 일들을 소개하면서 '행동'의 중요성을 강조하고 있다. 하나의 기업을 경영해 온 경영자로서의 자세와 비전, 또 패러다임을 제시하며 다른 여성 CEO와 치열하게 살아가는 청년들에게 희망의 메시지를 전한다.

인생 2막까지 멋지게 사는 기술 재미

박인옥, 최미애 지음 | 값 15,000원

책 『인생 2막까지 멋지게 사는 기술 재미』는 잃어버린 웃음을 찾게 해 주는 유쾌한 책이다. 웃음과 유머를 통한 강의로 사람들에게 행복을 전하는 두 명의 저자가 만나 엮은 이 책은 평상시에도 잘 활용할 수 있는 여러 가지 유머 팁을 소개한다. 남들과 진정한 소통을 하고 마음의 문을 열기 위해서 '재미'와 '즐거움'이 꼭 필요하다고 강조하며, 바로 유머를 통해 그것이 가능하다고 보았다. 이 책은 우리의 삶에서 웃음이 가지는 의미를 다시 한번 더 되돌아보게 한다.

아, 민생이여

김인산 지음 | 값 15,000원

책 『아, 민생이여』는 도탄에 빠진 민생을 살리는 가장 원론적인 정책의 기본과 민생이 원하는 것이 어떤 것인지를 말한다. 정부가 바뀌고 새로운 정권이 들어서도 여전히 어렵다고만 말하는 민생, 그 민생이 더 위험해지기 전에 살릴 수 있는 길에 대해 저자는 누구나 생각해 봄 직한, 그러나 누구도 쉽게 다른 사람들에게 말할 수 없던 이야기를 풀어낸다. 그의 정책제언은 위기의 대한민국을 구제할 길잡이가 되어줄 것이다.

임진왜란과 거북선

민계식, 이원식, 이강복 지음 | 값 15,000원

책 『임진왜란과 거북선』은 조선 수군의 신형 전선 거북선을 집중 조명한다. 민계식 전 현대중공업 대표이사 회장과 이원식 원인고대선박연구소 소장, 이강복 알라딘기술(주) 대표이사가 머리를 맞대어 거북선의 실체를 밝히기 위해 역사적 자료들을 모아 현대적 연구를 통해 임진왜란 당시 활약했던 거북선의 실체를 정리해 본 것이다. 앞으로 원형에 가까운 거북선을 복원할 수 있는 이정표를 남기게 된 것에 큰 의의가 있다.

핸드폰 하나로 책과 글쓰기 도전

가재산, 장동익 지음 | 값 20,000원

『핸드폰 하나로 책과 글쓰기 도전』은 책 한 권을 펴내는 데 있어 소요되는 비용과 시간을 획기적으로 절약해 줄 수 있는 노하우를 소개하고 있는 책이다. 요즘을 살아가는 현대인이라면 누구나 가지고 있을 '핸드폰'이라는 친숙한 기기를 통해 다양한 무료 어플리케이션으로 한 권의 책을 만드는 과정을 세세히 설명하고 있다. 누구나 스마트폰을 가지고 있는 요즘, 핸드폰 하나로 책을 쓸 수 있다는 점을 강조하여 자신만의 글쓰기를 망설이는 이들에게 '자신감'을 먼저 불어넣고자 했다.

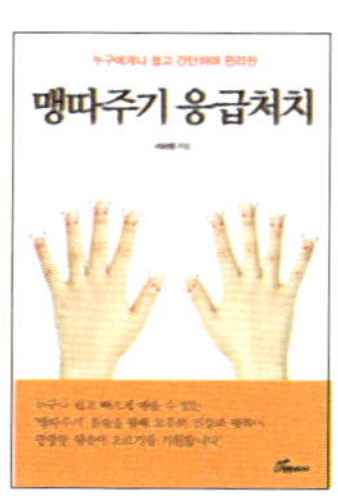

맹따주기 응급처치

이수맹 지음 | 값 15,000원

이 책 『맹따주기 응급처치』는 우리 신체에 일어날 수 있는 다양한 이상증상에 대한 응급처치인 '맹따주기'를 자세히 설명하며 누구나 맹따주기를 통해 몸의 증상을 쉽고 빠르게 치유할 수 있도록 돕는다. 어릴 적 급체했을 때 어머니께서 으레 해주시던 '손 따주기'와도 맥을 같이하는 '맹따주기'는 우리 민족 고유의 민간요법과 한의학적 이론을 융합하여 누구나 배우기 쉽고 사용하기 쉬운 응급처치법으로 유용하게 활용할 수 있을 것이다.

여성과 평화

박정진 지음 | 값 15,000원

이 책 『여성과 평화』는 가부장-권력-전쟁-국가로 대표되는 남성중심의 문명이 어머니-사랑-평화-가정으로 대표되는 여성중심의 문명으로 변화하는 것만이 인류 존속의 위기를 종식할 수 있다고 말한다. 저자는 이를 통해 대립, 갈등, 경쟁보다는 공존과 사랑, 평화가 함께하는 세계를 추구하며 이러한 평화세계의 완성을 위해서 현존하는 그 어떤 철학과 종교보다도 여성중심적인 통일사상, 두익(頭翼)사상의 연구와 전파가 절실히 필요하다는 점을 강조하고 있다.

왜, 바나나는 어깨동무를 하고 있을까요?

서명진 지음 | 값 15,000원

책 『왜, 바나나는 어깨동무를 하고 있을까요?』는 때로는 동시와 같은 순수함으로, 때로는 성숙하고 아련한 어른의 언어로 시를 그려낸다. 함께 실린 삽화는 자연스럽게 시와 어우러져 독자를 빠져들게 한다. 시인 서명진의 기억으로 초대받아 시를 읽음으로써 기억의 퍼즐 조각을 하나하나 맞추다 보면 시인의 바람대로 시 한 줄, 시 한 편이 마음의 서재에 꽂혀있게 될 것이다.

나는 코미디언이다

서인석 지음 | 값 15,000원

'탄핵국면'에서 '장미대선'까지! 우리 사회에 큰 변혁이 일어났던 시기에 발표했던 풍자 칼럼을 모아 엮은 책 『나는 코미디언이다』는 30년 차 코미디언 서인석이 그동안 쌓은 유머의 내공을 아낌없이 풀어내 통쾌한 웃음을 선사한다. 권위주의 탈피 지향, 아래에서 위로 향하는 풍자의 향연, 언더독의 반란으로 보이는 그의 코미디는 사실 아래에서 더 아래를 바라보는 따뜻한 시선을 품고 있기에 오히려 여유로움과 따뜻함을 품고 있다.

아파트, 신뢰를 담다

유나연지음 | 값 15,000원

이 책은 '신뢰 경영'을 통해 한 아파트를 17년째 책임지고 있는 아파트관리사무소장의 가슴 따뜻한 이야기를 진솔하게 풀어내고 있다. 저자는 '진정성', '역량', '공감', '존중', '원칙'이라는 여섯 개의 키워드를 바탕으로 500세대 아파트를 믿음과 신뢰로 이끌어온 과정을 생생하게 그려낸다. 이 과정에서 '아파트'라는 하나의 공동체 문화를 만드는 데 있어 '신뢰'라는 키워드가 가장 중요하게 작용하였다고 말한다. 또한 저자는 "사람이 답이다"라는 진리를 새기고 모두가 함께 노력해야 함을 강조한다.

나는 행복한 공학자

이동녕 지음 | 값 20,000원

『나는 행복한 공학자』는 평생을 한눈 한 번 팔지 않고 연구에만 매진하여 많은 학문적 성과를 얻어냄은 물론 걸음마 수준에 불과했던 한국의 재료공학 기술을 한 단계 끌어올리는 데에 일조한 서울대학교 재료공학과 이동녕 명예교수가 걸어온 인생 여정을 담고 있다. "촌놈은 촌놈 방식대로 살아간다."라는 그의 소박한 인생철학은 시련 속에서도 자신의 꿈을 잃지 않는 모든 사람들에게 희망을 불어넣어줄 것이다.

마음아, 이제 놓아줄게

이경희 지음 | 값 15,000원

책 『마음아, 이제 놓아줄게』는 갤러리 램번트가 주최한 '마음, 놓아주다' 전시 공모에서 당선된 스물일곱 예술가들의 치유 기록을 엮어낸 책이다. 여기에는 작품을 통해 상처를 예술로 승화시킨 이들의 진솔한 이야기가 담겨 있다. 화가 개개인의 작품 소개와 함께 작가의 생각, 또 저자 본인의 이야기를 덧붙여 상처를 치유하는 하나의 과정 속으로 독자를 천천히 안내한다. 그 길을 따라 걷다 보면 우리는 힘겹게 붙잡고 있던 마음을 놓아주며 상처를 치유할 수 있게 된다.